有事故就会有损失 有事故就会有伤害

安全零事故
员工安全意识与行为习惯培养

熊伟 杜正梅◎编著

人民日报出版社

图书在版编目（CIP）数据

安全零事故：员工安全意识与行为习惯培养 / 熊伟，杜正梅编著. -- 北京：人民日报出版社，2020.12
ISBN 978-7-5115-6855-7

Ⅰ.①安… Ⅱ.①熊… ②杜… Ⅲ.①企业安全—安全生产—安全培训—教材 Ⅳ.① X931

中国版本图书馆 CIP 数据核字（2020）第 266498 号

书　　名：	安全零事故：员工安全意识与行为习惯培养	
	ANQUAN LINGSHIGU：YUANGONG ANQUAN YISHI YU XINGWEI XIGUAN PEIYANG	
作　　者：	熊　伟　杜正梅	
出 版 人：	刘华新	
责任编辑：	刘天一	
封面设计：	陈国风	
出版发行：	人民日报出版社	
地　　址：	北京金台西路 2 号	
邮政编码：	100733	
发行热线：	（010）65369509　65369827　65369846　65363528	
邮购热线：	（010）65369530　65363527	
编辑热线：	（010）65369844	
网　　址：	www.peopledailypress.com	
经　　销：	新华书店	
印　　刷：	北京柯蓝博泰印务有限公司	
开　　本：	710mm×1000mm　1/16	
字　　数：	177 千字	
印　　张：	13.5	
版次印次：	2021 年 4 月第 1 版　2021 年 4 月第 1 次印刷	
书　　号：	ISBN 978-7-5115-6855-7	
定　　价：	56.80 元	

前言

所谓"零事故",顾名思义就是事故为零,就是没有事故,指的是企业在本年度内未发生任何伤害和损失的安全状态。

显而易见,对于企业安全管理来说,"零事故"是安全管理的最佳状态,也是安全生产的至高境界,更是企业安全追求的终极目标。

但是,要实现企业安全生产的"零事故"目标,并不是一件容易的事,最为关键的是企业生产一线的广大员工。只有所有的员工全面提升安全意识,着力规范安全行为,养成良好的安全习惯,上下齐心,协同努力,才有可能实现"零事故"。

安全意识在预防事故中起着至关重要的作用,因为意识决定行为,行为决定安全。企业的每一位员工都具有超强的安全意识,在脑海中建立起安全警觉性,重视安全,关心安全,时时刻刻把安全放在至关重要的位置上,任何时候都不马虎、不放松、不大意、不麻痹,杜绝违章违纪,训练安全技能,提高防护能力,重视安全细节,自觉发现和纠正不安全的行为,才能实现"零事故"。

如果安全意识淡薄,对安全没有一个清醒的认识,思想上麻痹大意,行为上不讲规矩,就会引发不安全行为,忽视安全隐患,不遵守规章制度,冒险作业、违章蛮干等,从而导致事故发生,安全"零事故"也就不过是痴人说梦而已。

所以，企业要实现安全"零事故"的目标，一定要注重培养员工的安全意识和安全行为习惯。用安全意识指导安全行为，用安全行为巩固安全意识，筑牢安全生产的思想防线，落实安全生产教育培训，严格执行安全规章制度，将安全责任细化到每一个人每一个岗位每一个时刻，使员工的安全行为由不自觉变为自觉，由"强制执行"到"自觉遵守"，从"要我安全"到"我要安全"，才能真正实现"零事故"。

本书从实现企业安全管理"零事故"的目标出发，详细阐述了员工从安全意识到行为习惯培养的方法技巧及提升要点，包括提升安全警觉意识、安全责任意识、反违章意识，增强安全操作能力、安全细节处理能力、安全习惯培养和安全防护能力等内容，以引导和培养员工自觉纠正不良行为，养成良好的安全行为习惯，实现安全"零事故"。

熊伟编写了本书第二章、第三章、第五章、第七章、第八章和第九章的内容，约11万字。其余章节由杜正梅编写。

目录

第一章　安全"零事故"：企业安全生产的至高追求 / 001

所谓"零事故"，就是企业本年度内没有出现任何事故，没有伤亡，也没有损失。对于安全生产来说，这是安全管理的最佳状态，也是企业追求的至高境界。因为事故是安全的大敌，有事故就有损失，有事故就有伤亡，"零事故"才能零损失、零伤亡，企业的安全才会真正有保障。

1. 一切祸因事故起，事故是安全的大敌 / 002
2. 事故带来损失，只要有事故就会有损失 / 007
3. 追求安全"零事故"，企业才有真安全 / 009

第二章　意识决定行为：不重视安全就做不到"零事故" / 013

意识决定行为，没有高度的安全意识，就不可能有良好的安全行为。只有重视安全、警惕安全、防范安全，时时刻刻把安全放在至高无上的位置，才能抛弃不正确的安全观念，自觉约束自己，规范安全行为，实现安全"零事故"。

1. 时刻把安全放在至高无上的位置 / 014
2. 提高安全警觉，保持事故危机意识 / 016
3. 抛弃不正确的安全观念 / 018

4. 一点小疏忽，就是大事故 / 021

5. 不要心存侥幸，事故面前人人平等 / 023

6. 拒绝麻痹大意，安全容不得半点大意 / 025

7. 以安全意识规范安全行为 / 029

第三章　强化防范意识：许多事故都是可以预防的 / 033

实现安全"零事故"，听起来似乎很难，实际上只要我们学习事故发生理论，了解事故发生的诱因，强化防范意识，清除一切隐患，从源头上、根子上切断引发事故的所有诱因，许多事故都是可以预防的。

1. 把事故预防意识融进血液里 / 034

2. 学习事故理论，明白事故发生原因 / 036

3. 筑牢事故预防意识，掐灭事故苗头 / 039

4. 查隐患要细，不放过任何疑点 / 042

5. 除隐患要彻底，放过隐患等于制造事故 / 046

6. 掌握事故预防要点，及早预防让事故为零 / 048

第四章　树立责任意识：高度的责任心是保障"零事故"的前提 / 059

安全在于责任，责任保证安全。没有高度的责任心做保障，没有对企业、对岗位和对工作高度负责的精神，没有把责任贯彻到每一个工作行为之中的意识，安全"零事故"不过是一句空话。

1. 安全就是责任，负责才能安全 / 060

2. 安全责任比泰山还重 / 062

3. 没有高度的责任心，就实现不了"零事故" / 063

4. 把责任贯彻到每一个工作行为之中 / 065

5.在岗一分钟，就要安全六十秒 / 069

第五章　增强反"三违"意识：违章违纪是事故的源头 ／ 073

引发事故的原因很多，但最大的源头是员工的违章违纪行为。违章不反，事故不绝，只要有违章违纪存在，就实现不了"零事故"。员工要增强反违章意识，杜绝违章违纪行为，养成遵章守纪的好习惯，才有岗位工作的真安全。

1."三违"不反，事故不绝 / 074

2.恪守"三不伤害"原则 / 076

3.杜绝违章违纪，认真自查自纠 / 079

4.规范操作行为，坚决按标准作业 / 098

5.警惕错误操作，把误操作降到最低 / 102

6.避免经验主义错误，警惕经验性操作行为 / 104

第六章　掌握安全技能：用精湛的技术避免操作事故 ／ 107

精湛的安全操作技术，无疑会极大地减少安全事故的发生，娴熟的安全技能是最好的"护身符"。员工要学习安全知识，勤练安全技能，保证自己操作"零失误"，才有可能安全"零事故"。

1.娴熟的技能是安全的"护身符" / 108

2.学习安全知识，提高避险能力 / 116

3.加强安全教育和培训，消除不安全行为 / 129

4.操作保证"零缺陷"，生产才能"零事故" / 133

5.人人"会安全"，才有真安全 / 135

第七章　培育安全习惯：良好的行为习惯使安全事故为零 ／ 139

不良的行为习惯，极易诱发安全事故。日常工作中我们也很容易发现，有着良好的安全习惯、从不违章违纪的员工，很少会发生事故；而那些习惯不良、总在违章违纪的员工，往往就是事故的肇事者也是受害者。要杜绝事故，实现"零事故"目标，就要着力培养安全好习惯，改掉安全坏习惯。

1. 习惯决定安全，更决定命运 / 140
2. 事故的诱因就藏在坏习惯之中 / 144
3. 习惯遵章守纪，事故就会远离 / 147
4. 改正安全坏习惯，避免"血的教训"再上演 / 150
5. 培养安全好习惯，安上预防事故的"避雷针" / 153

第八章 重视安全细节：从细微处消除事故发生的可能性 / 159

很多时候引发事故的恰恰是容易被忽略的小细节。西方有句名言说"魔鬼就藏在细节里"，许多安全事故的背后也都可以看到细节的魔影在闪动。要消灭事故，就不能放过细节，就需要我们小处用心、细处发力，在细、精、实上下功夫，把细节做到完美，让安全落到实处。

1. 安全在于细节，细节决定安危 / 160
2. 控制自己的行为，魔鬼就藏在细节里 / 162
3. 关注细节，纠正小错误避免大事故 / 163
4. 细节不能忽略，小处不可大意 / 166
5. 处处用心，每个环节都要做好 / 168
6. 安全要在细、精、实上下功夫，事故才会消除 / 171

第九章 增强防护能力：做好自我防护严防伤害事故 / 175

防护不当，也是许多安全事故发生的重要原因。员工要恪守"三不伤害"原则，掌握自我防护技能，在保护自己的同时保护同事，全面防范伤害事故的发生。

1. 树立"我要安全"意识，要安全才会有安全 / 176

2. 自觉防护，自己的安全要靠自己呵护 / 181

3. 正确穿戴防护用品，保护自己少受伤害 / 184

4. 防毒防尘，防范得当安全才有保障 / 193

5. 防范职业高温和低温，小心中暑警惕冻伤 / 197

6. 职业辐射，注意隔离 / 200

7. 高处作业，谨防坠落 / 201

第一章 安全『零事故』：企业安全生产的至高追求

所谓『零事故』，就是企业本年度内没有出现任何事故，没有伤亡，也没有损失。对于安全生产来说，这是安全管理的最佳状态，也是企业追求的至高境界。因为事故是安全的大敌，有事故就有损失，有事故就有伤亡，『零事故』才能零损失、零伤亡，企业的安全才会真正有保障。

⚠ 1. 一切祸因事故起，事故是安全的大敌

事故是什么？事故就是导致伤害和损失的不正常的状态。在安全管理上，它的定义是指造成死亡、疾病、伤害、损坏或其他损失的意外情况。生产安全事故是指职业活动或有关活动过程中发生的意外突发性事件的总称，通常会使正常活动中断，造成人员伤亡或财产损失；是生产经营单位在生产经营活动中突然发生的，伤害人身安全和健康，或者损坏设备设施，或者造成经济损失，导致原生产经营活动暂时中止或永远终止的意外事件。

事故有大有小，有伤亡有不伤亡，但是任何事故都会造成损失，哪怕只是微小得只停产一会儿的事故，也同样会造成生产停顿的损失，更别说大事故了。

某乡办煤矿为立井开拓中央边界式通风。这天在施工过程中从早上 8 时 30 分停电，之后该矿便使用柴油机发电向井下送电，但是电力明显不足。于是停了南翼工作面的电，当时主扇风机和局扇都没有运行。到下午 5 点全矿来电时，主扇和局扇仍未开启。北工作面打眼后放第二炮时，北工作面口 2 米处挂在背板上的 11 个电雷管拖地的脚线，被拖动的电缆明接头引爆，引起了瓦斯煤尘爆炸，造成井下二平巷及两个工作面 600 多米巷道冒落，并有 6 处形成了较大的冒落区。北翼两个工作面，南翼车场等处的 48 人升井逃生，后有 2 人在医院死亡，井下其余 24 人

遇难，有10人受伤，直接经济损失380万元。

事故是安全生产最大的敌人，安全最怕的就是事故，最恨的也是事故，最需要我们认真防范、杜绝的仍然是事故！事故不仅会造成人员伤亡或财产损失，造成生产经营活动停滞，严重的甚至还会造成社会不稳定等重大影响。所以，要安全就一定要防事故，不管是大事故还是小事故，只有"零事故"才有真安全。

事故多种多样，按伤亡程度和损失大小，把事故划分为特别重大事故、重大事故、较大事故和一般事故4个等级。

A. 特别重大事故，是指造成30人以上死亡，或者100人以上重伤（包括急性工业中毒，下同），或者1亿元以上直接经济损失的事故；

B. 重大事故，是指造成10人以上30人以下死亡，或者50人以上100人以下重伤，或者5000万元以上1亿元以下直接经济损失的事故；

C. 较大事故，是指造成3人以上10人以下死亡，或者10人以上50人以下重伤，或者1000万元以上5000万元以下直接经济损失的事故；

D. 一般事故，是指造成3人以下死亡，或者10人以下重伤，或者1000万元以下直接经济损失的事故。

按我国国家标准，将伤亡事故分为以下20类。

（1）物体打击：是指失控物体的重力或惯性力造成的人身伤害事故。例如，砖头、工具从建筑物等高处落下，打桩、锤击造成飞溅等都属于此类伤害，但不包括因爆炸引起的物体打击。

（2）车辆伤害：包括机动车辆在行驶中的挤、压、撞车或倾覆等事故，以及在行驶中上下车，搭乘矿车或放飞车，车辆运输挂钩事故，跑车事故。

（3）机械伤害：指由运动中的机械设备引起伤害的事故。例如，工件或刀具飞出伤人，切屑伤人，手或身体被卷入，手或其他部位被刀具碰伤，被转动的机构缠住等。

（4）起重伤害：指从事起重作业时引起的机械伤害事故。适用各种起重作业。例如，起重作业时，脱钩砸人，钢丝绳断裂抽人，移动吊物撞人，绞入钢丝绳或滑车等伤害。同时包括起重设备在使用、安装过程中的倾覆事故及提升设备过卷、墩罐等事故。

（5）触电：指电流流经人体，造成生理伤害的事故。例如，人体接触带电的设备金属外壳、裸露的临时线、漏电的手持电动工具，起重设备误触高压线或感应带电，雷击伤害，触电坠落等事故。

（6）淹溺：指人落入水中，水侵入呼吸系统造成伤害的事故。

（7）灼烫：指因接触酸、碱、蒸汽、热水或因火焰、高温、放射线引起的皮肤及其他器官、组织损伤的事故。不包括电烧伤以及火灾事故引起的烧伤。

（8）火灾：指造成人身伤亡的企业火灾事故。

（9）高处坠落：指人由站立工作面失去平衡，在重力作用下坠落引起的伤害事故。但排除以其他类别为诱发条件的坠落。例如，高处作业时，因触电失足坠落应定为触电事故，不能按高处坠落划分。

（10）坍塌：指建筑物、构筑物、堆置物等倒塌以及土石塌方引起的伤害事故。例如，建筑物倒塌，脚手架倒塌，挖掘沟、坑、洞时土石的塌方等事故。不包括矿山冒顶片帮事故或因爆炸、爆破引起的坍塌事故。

（11）冒顶片帮：指矿井工作面、巷道侧壁由于支护不当、压力过大造成的坍塌，称为片帮；顶板垮落称为冒顶。二者同时发生，称为冒顶片帮。

（12）透水：指矿山、地下开采或其他坑道作业时，意外水源造成的伤亡事故。

（13）放炮：指施工时，放炮作业造成的伤亡事故。例如，采石、采矿、采煤、开山、修路、拆除建筑物等工程进行的放炮作业引起的伤亡事故。

（14）瓦斯爆炸：指可燃性气体瓦斯、煤尘与空气混合形成了浓度达到爆炸极限的混合物，当接触火源时，引起的化学性爆炸事故。

（15）火药爆炸：指火药与炸药在生产、运输、贮藏的过程中发生的爆炸事故。

（16）锅炉爆炸：指锅炉发生的物理性爆炸事故。

（17）容器爆炸：指压力容器破裂引起的气体爆炸，即物理性爆炸，包括容器内盛装的可燃性液化气，在容器破裂后立即蒸发，与周围的空气混合形成爆炸性气体混合物，遇到火源时产生的化学爆炸。

（18）其他爆炸：凡不属于上述爆炸的事故均列入其他爆炸。

（19）中毒和窒息：中毒是指人接触有毒物质引起的人体急性中毒事故，例如，误食有毒食物，吸入有毒气体。窒息是指因为氧气缺乏，发生突然晕倒，甚至死亡的事故，例如，在废弃的坑道、竖井、涵洞、地下管道等不通风的地方工作，发生的伤害事故。两种现象合为一体，称为中毒和窒息事故。

（20）其他伤害：凡不属于上述伤害的事故均称为其他伤害。例如，扭伤、跌伤、冻伤、野兽咬伤、钉子扎伤等。

当然，事故还可以根据发生的行业不同，分为煤矿事故、金属与非金属矿事故、工商企业(建筑业、危险化学品、烟花爆竹)事故、火灾事故、道路交通事故、水上交通事故、铁路运输事故、民航飞行事故、农业机械事故、渔业船舶事故、其他事故等。

如果按事故的伤害程度分级，还可分为轻伤事故、重伤事故、死亡事故。

（1）轻伤事故，指受伤害或中毒者暂时性失去工作能力的生理功能。

（2）重伤事故，指受伤者永久性部分或全部丧失工作生理功能，如受伤者的肢体和某些器官不可逆丧失的事故。

（3）死亡事故，指受害者立即或受重伤后在一个月内死亡的事故。

如此各种各样的事故，都是安全的大敌，都是需要我们全面防范、坚决杜绝的。

但从安全生产形势来看，事故的发生从来就不是一件稀罕事。反倒是"安全事故猛于虎"，成为近些年所有企业和员工的共同感受。爆炸、交通事故、违章事故、生产事故、伤害事故……数不胜数，每一次事故都会带来或大或小的灾难，每一次事故都会给安全生产带来极大的冲击，每一次事故都免不了有损失、有伤亡、有悲伤、有泪水……事故的发生，不论是对个人、对家庭、对企业还是对国家、对社会而言，都是巨大的损失。

对一个企业来讲，事故损失最为惨重，尤其是重大安全事故对企业的损害更是无法估算。对一个家庭来讲，事故对家庭的伤害绝非用"损失"两个字可以衡量，它是一场无法弥补的灾难，是永远挥之不去的噩梦，是永无尽头的伤痛！父母失去儿子、妻子失去丈夫、子女失去父亲、情侣失去爱人……

事故就是安全的大敌，有事故就不会有安全，要安全就必须消灭事故！

⚠ 2. 事故带来损失，只要有事故就会有损失

不论大事故还是小事故，不出事故一切都好，一出事故损失和伤亡就在所难免。有事故就有损失，大事故大损失，小事故小损失。人员的损失、设备的损失、财产的损失、质量的损失、信誉的损失……只要有事故，就一定少不了损失。这些巨大的损失毫无疑问会对职工个人、家庭、企业、社会，造成巨大的负面影响，带来难以逆转的损害。

2019年1月22日国务院新闻办公室召开应急管理部自组建以来改革和运行发布会，通报了2018年安全生产基本情况。2018年中国安全生产事故总量、较大事故、重特大事故同比实现"三个下降"。安全生产形势有极大的好转。2005年全国发生一次死亡10人以上的重特大事故134起，2018年发生重特大事故19起，从2005年的134起到2018年的19起，重特大事故发生率下降了86%。全年没有发生一起死亡30人以上的特别重大事故，这是自新中国成立以来的第一次。从数据来看，我国安全生产形势保持了持续稳定好转的态势。但是，即便如此，事故造成的损失依然令人心惊。

国家统计局公布的《2019年国民经济和社会发展统计公报》数据显示，2019年全年各类生产安全事故共死亡29519人。工矿商贸企业就业人员10万人生产安全事故死亡人数1.474人，

安全要牢记，警钟要常敲

比上年下降4.7%；煤矿百万吨死亡人数0.083人，下降10.8%；道路交通事故万车死亡人数1.80人，下降6.7%。而《2020年国民经济和社会发展统计公报》数据显示，2020年共发生各类生产安全事故死亡人数为27412人。尽管死亡总数比之2019年有所下降，但是27412人的死亡数字和难以估量的经济损失依然触目惊心，一起起严重的安全事故和巨大损失也足以让我们警醒。

每一起灾难都催人肠断，每一次事故都牵动人心；有事故就有伤亡，有事故就有损失，而且是惊人的损失。

一般来说，伤亡事故经济损失，指企业职工在劳动生产过程中发生伤亡事故所引起的一切经济损失，包括直接经济损失和间接经济损失。

直接经济损失，指因事故造成人身伤亡及善后处理支出的费用和毁坏财产的价值；间接经济损失，指因事故导致产值减少、资源破坏和受事故影响而造成其他损失的价值。

直接经济损失包括：人身伤亡后所支出的费用，如医疗费用、丧葬及抚恤费用、补助及救济费用、误工工资等；善后处理费用，如处理事故的事务性费用、现场抢救费用、清理现场费用、事故罚款和赔偿费用等；财产损失价值，如固定资产损失价值、流动资产损失价值。

间接经济损失包括：停产、减产损失价值；工作损失价值（工作损失价值＝被害者损失工作日×企业全年人均日净产值）；资源损失价值；处理环境污染的费用；补充新职工的培训费用；其他损失费用。

但伤亡事故造成的损失，绝不是靠单纯的经济数据就可以描述尽的。有些损失，我们还可以弥补，而有些损失，却是永远弥补不回来的。比如员工白白丧失宝贵生命，逝者的父母、配偶和儿女陷入无尽悲伤，从此失去生活的精神寄托和物质保障，甚至导致家庭的痛苦离散……这样的损失，更是无法估量的。

说到底，所有的损失和伤害都是事故造成的。如果不发生这些事故，也就不会造成这些无法弥补的损失。这些经济损失原本会顺理成章地成为企业的利润，成为员工的福利，那么企业的前景必将更大，员工的生活也必将更好。一旦发生事故，这一切都会转瞬而逝，事故就是损失的最大源头。

所以，对于企业工作人员来说，要想"无损失"，必须"零事故"，要减少损失就务必杜绝事故，务必遵章守纪，规范操作，不越规不逾矩，认真负责，保证安全。

3. 追求安全"零事故"，企业才有真安全

事故是损失的根本源头，事故是伤亡最大的祸根！凡有事故，就会造成伤害，就会导致损失。要保证不受损失，没有伤亡，只有生产"零事故"，企业才有真安全。

有一家有着70多年历史的煤矿，保持多年矿井百万吨死亡率为零，获得了"省安全基础管理示范矿井""全国煤炭系统先进集体"、全国煤炭工业"双十佳矿长"等众多的荣誉。一直以来，这家老牌的国有企业引导员工把安全放在第一位，做好安全生产工作，保证自己的安全，也保证他人的安全，为企业创造最大的效益，为自己获得最大的福利。多年来，该企业没有出过一次大的安全事故，效益也一直在同类企业名列前茅。

不出事故，对于企业和员工来说，就是最大的幸运，最大的福利，最大的效益。

企业就是一个大家庭，家里人人平安，家中才有笑语欢声。有一家企业一年都平安顺遂，没发生一起事故。年底时员工们自发地组织了一次庆祝会，各自拎上自家最好吃的东西与大家分享，大家欢欣鼓舞互相祝福，个个都喜笑颜开。还有什么比一年平安顺遂更值得庆贺呢？没有事故就意味着一年之内都平平安安，所有人从身体到财产均无任何损失，这难道不是最值得庆贺的一件事情吗？

越来越多的企业把"零事故"作为安全管理的最高追求。杜邦公司把安全目标确定为"零伤害、零疾病、零事故"，很多企业也把它作为企业安全管理的根本目标，并采取各种各样的方法来达成这个目标。

日本推行的"零事故战役"，由3个基本单元构成：一是哲学观即理论基础，简而言之就是"尊重人的生命"，每个个体的生命都不应在工作中受到伤害。二是"零事故战役"的实施方法，主要包括KYT（危害辨识、预防和培训）及Pointing and Calling（简称P&C，即手指口述法，是一种手指目标物并出声确认的方法），参加人员包括企业工人、管理人员和雇主等。通过对工作场所风险的预先识别和确定控制措施，达到健康和安全的预期。三是执行环节，通过会员参与，建立积极、主动、和谐的工作环境；通过KYT等方法的日常应用，使安全预防意识深入人心，成为人们的行为习惯，最终使企业达到安全、质量和产量完美而和谐的统一。

这些安全手段和方法已经被很多企业借用全面开展"零事故"创建活动，通过执行制度零距离、系统运行零隐患、设备状态零缺陷、生产组织零违章、操作过程零失误、隐患排查零盲区、隐患治理零搁置、安全生产零事故等方面，形成安全管理的"零体系"，以达到"零事故"的目标。

众多企业把深化源头治理、系统治理和综合治理，完善安全风险责任体系、制度成果、管理办法和长效机制，作为安全管理的重点加大投入，加强管理，夯实安全生产基础，对重点场所、要害部位、人员密集区域进行视频监控，报警器、灭火器材等技防物防设施配备齐全，相关信息设施互联互通，实现智能防控；对安全风险进行全面排查、辨识、分级、建档、标识和管控；动态掌握风险点、危险源，对隐患的种类、数量、状态做到底数清、情况明；健全应急处置机制，保证应急预案完善，确保一旦发生险情事故，能够快速响应、有效处置，从而全面杜绝事故，实现"零事故"目标，保障安全。

第二章 意识决定行为：不重视安全就做不到『零事故』

意识决定行为，没有高度的安全意识，就不可能有良好的安全行为。只有重视安全、警惕安全、防范安全，时时刻刻把安全放在至高无上的位置，才能抛弃不正确的安全观念，自觉约束自己，规范安全行为，实现安全『零事故』。

⚡ 1. 时刻把安全放在至高无上的位置

"安全"一词由"安"和"全"两个语素构成,"安"和"全"两个字都与人们的生活有紧密的联系,而"安全"一词,已成为人们生活、工作中最基本的理念,也是最根本的愿望。

安全就是生命,安全就是效益,安全就是员工的收入保证,唯有安全生产这个环节不出差错,企业才能争取更好的成绩,大家才可以追求更好的生活,皮之不存,毛将焉附?只有时刻把安全放在至高无上的位置,任何时候都以安全为主,以安全为重,安全才有可能实现。否则,安全就会成空。

某建设公司大楼,窗外单边悬挂着的吊篮随风轻微晃动。一天,这家公司的工程师崔某独自进入吊篮。当吊篮单边倾斜时,没有系保险绳、没有戴安全帽、穿拖鞋的他猛然从吊篮坠下,最终抢救无效死亡。

事故发生后,当地的安全生产办公室和警方介入调查后,事故调查小组给出了分析。按吊篮安全操作规程,上篮者必须3人,需要系保险绳、戴安全帽,严禁穿拖鞋。"从吊篮单边状况分析,他没按安全操作规程同时启动篮子两端的活动滑轮。启动一个滑轮后,吊篮突然单边倾斜,把他抛出坠楼。"

调查中还得知,崔某的工作能力很强,他生前对于抓安全生产很有办法,可是当日他竟然喝酒后进入吊篮,严重违规,这是造成事故的直接原因。

如果崔某当时系了保险绳,按安全操作规程操作,就不会坠楼;如果当时戴了安全帽,他也可能头部着地时不会死亡。但是没有那么多如果,生命只有一次,仅仅因为一次疏忽,崔某就葬送了自己,可见安全不能有一丝一毫的马虎和大意。

安全是企业的头等大事,也关系企业员工的前途和命运。安全就是一切工作的重中之重。任何时候都不能有丝毫的放松,一旦放松,哪怕只是一个小小的错误,就能让生命处于危险之中。

某烟花厂发生特大爆炸事故,死亡37人,重伤12人;损毁厂房、民房、仓库和一批设备、原材料,直接经济损失3000万元人民币。

该厂建在距市中心约5千米的山坳里,占地面积2万平方米,建筑面积3700平方米。建成后一直租赁给别人经营。

经事故现场勘察,此次事故是包装二车间装配工操作不当所致。对此,事故责任人已供认。当天上午8时05分,事故责任人用气动钉枪对一枚火箭烟花进行装配时,连打2钉都错位,意外引燃所装配的火箭烟花。此时工人申某正领料路过该处,火箭烟花引燃其手推车上的原料,并引爆了所装二车间内大量待组装的火箭烟花半成品及成品,致使大量火箭烟花四处飞窜,从而引爆了装配车间的成品、半成品;巨大冲击波又引爆了原料库和半成品库内的易燃易爆物品,形成殉爆。爆炸总药量约为7吨TNT当量,整个厂区瞬间被炸成废墟。

俗话说:安全是天,生死攸关。只有时刻把安全放在最高位置,以安全为指导,以安全为主宰,才是杜绝事故的基本态度。

⚠ 2. 提高安全警觉，保持事故危机意识

孟子说："生于忧患，死于安乐。"意思是说一个人或一个国家如果保持忧患意识，不敢松懈，那么便能生存；如果长期安逸享乐，就有可能自取灭亡。企业安全也是这样，有危机并不可怕，没有危机意识才最可怕。有了危机意识，才懂得预防危机、应对危机、处理危机并解决危机。

某纺织厂员工冯某与同事一起操作滚筒烘干机。冯某在向烘干机放料时，被旋转的联轴节挂住裤脚，摔倒在地。旁边的同事听到呼救声后，马上关闭电源，让设备停转，才使冯某脱险，但冯某腿部已严重擦伤。引起该事故的主要原因就是烘干机马达和传动装置的防护罩在上一班检修作业后没有及时罩上。

虽然没有造成特大的安全事故，但设想一下，如果旁边的同事没有听到呼救声，又会是什么样的情形呢？

安全意识淡薄，意识不到危险，才是最危险的事。造成这次事故的思想根源是冯某缺乏危机意识，没有把检查安全防护装置的责任落到实处。如果提前发现隐患及时根除，就不会发生这样的惨剧了。

危机意识是一种超前意识，预知危机并能认识危机，方能提前预防，未雨绸缪。

危机意识要求个体或组织从长远的、战略的角度出发，在日常工作、生活中，抱着遭遇和应对危机状况的心态，预先考虑和预测可能面临的各种紧急和极度困难的形势，在心理上和物质上做好对抗危险境地的准备，预先提出对抗危机的应急对策，避免在危机发生时束手无策，不能积极回应，遭受损失。在太平无事的日子里，将危机意识引入个体或组织日常的管理中，成为许多企业或组织维护安全的普遍法则。

安全管理是个长效工作，绝不是短期行为，更不是个人行为，是所有员工共同努力持之以恒的结果。因而要常怀战战兢兢、如履薄冰、如临深渊的危险意识，安全工作才可能有进步。在提高员工的安全警觉、防范危机的行为中要做到以下几点。

（1）提高安全意识

企业要把安全预防事故工作纳入重要议事日程，要深刻认识到安全工作是企业安全建设的重中之重，是一项系统性、经常性的工作。安全工作只有起点，没有终点。只有牢牢打基础，人人抓管理，时时抓防范，处处抓落实，才能年年有提高，长期求发展，事事保安全。

（2）重视安全自律

任何事物的发展，都有规律可循，安全工作也不例外。从发生事故的原因来看，引发事故的原因是多方面的。既有主观原因，又有客观原因，有时单独发生作用，有时相互作用。但个人因素是主要的。一般来说，事业心强、守纪律、工作作风扎实的员工，发生事故的可能性较小。而那些责任心差、工作目标低、无组织纪律、不讲科学蛮干的人，则容易发生事故。技能高超过硬，就能遇险不惊；技能不高，就会有发生事故的潜在危险。因此，做好安全工作，必须在思想上重视薄弱环节，在预防上把握薄弱环节，自觉自律，防患于未然。

（3）时刻保持事故危机意识

我们要清醒认知，警醒如一，要时时处处事事警醒自己有安全生产事故"危机"的存在，始终保持危机感和紧迫感，时刻保持警惕，认认真真执行好安全规章制度,仔仔细细抓好检查盯控,扎扎实实落实好安全责任。

每一个员工都要知己知彼,掌握主动。做到经常对安全生产隐患进行排查,经常对设备状况、人员状态、制度管理等安全基础情况进行检视,对本单位的安全生产情况心中有数,对安全生产的重点和薄弱环节了然于胸、牢牢掌控,从而防患于未然,掌握好安全生产的主动权。

3. 抛弃不正确的安全观念

安全人员所持有的观念将影响实际的安全效果。因此,安全建设,观念先行。安全观念说大了,关系到企业的发展,关系到社会的安定团结;说小了,关系到生命的延续、家庭的美满和幸福。

某电厂发电车间检修班电工小吕的师傅辛某,就是个胆大的人,他的口头禅就是"怕啥?生死有命,富贵在天",常常在同事们面前表演自己的"英雄气":"接个电线有什么可怕?只要运气好,通着电接线也啥事没有。不信啊?让我做给你看!"

可能他运气特别好,工作了这么多年,经常这样干,也没出过事。可徒弟小吕却是个胆小的人,他畏电如虎,任何时候都不敢有半丝半毫的大意,不管师傅怎么说,他也不敢有丝毫违章,每次都老老实实按安全规程操作。这使得辛某对这个徒弟很是瞧不起,常常嘲笑他缺少"英雄气"。小吕有时不作声,有时还劝师傅,但辛某根本不听,反而越发瞧不起徒弟。

这天师徒俩检修380V直流电焊机。电焊机修好后进行发电试验，情况良好。试完后小吕将电焊机开关断开。辛某安排他拆除电焊机二次线，自己拆除电焊机一次线。小吕赶紧戴上绝缘手套，穿上绝缘鞋，辛某嘲笑他说："你不是都已经断开电源了吗？还怕什么？"边说边动手就去扯电线，小吕吓得急忙制止，但已经来不及了，辛某触电倒在了地上。原来小吕在师傅吩咐自己拆线之前，已经合上了开关，准备穿戴好防护设备后再断开的，可一切都晚了，虽经全力抢救依然未能挽救辛某的生命。

安全上，要的不是"大胆"，而是"心细"，不是"不怕死"的"假英雄"，而是"怕出事"的"真安全"。但实际工作中，像辛某这样抱着"生死有命，富贵在天"观念的人并不在少数，还有的认为根本没有安全不安全，只有运气和非运气，安全不靠自己，靠的是老天，是运气……这样的安全观念显然是做不好安全工作，杜绝不了事故的。要做到安全"零事故"，必须改掉这些错误的安全观念，从思想意识上改变对安全的认识，抛弃不正确的安全观念，树立正确的安全观念。

不正确安全观念有以下几点。

（1）"生死有命，富贵在天"，传统的听天由命观念。

（2）"经济增长第一"，以GDP为唯一目标的发展观。

（3）事故"实践才出真知"的观点。

（4）用运气应对风险的观点。

（5）"要钱不要命"财产权优先的观点。

（6）"见义勇为"而非"见义智为"的传统观念。

（7）求神保佑、信奉宿命、听天由命、只图吉利、讳而不言的文化。

（8）"死了怕什么，二十年后又是条好汉。"

企业管理者不正确的安全观念有：

（1）领导违章特殊论。

（2）高危行业风险"必高"论。

（3）经济高速发展事故"必高"论。

（4）事故责任追究"命运观"，无追究是福气，被追究是晦气。

（5）事故必然论，发生是必然的，不发生是偶然的，碰上是运气使然。

（6）安全是负担，是无效益的成本。

（7）安全投入是软成本的认识论。

（8）"预防成本高""事故成本低"的成本观。

（9）"死得起，伤不起，事故发生得起"的观点。

（10）大干快上，提前竣工，向"国庆"献礼。

（11）赶时间、赶进度，提前超量完成生产任务。

企业员工不正确的安全观念有以下几方面。

（1）工伤光荣论——我工作受伤我很光荣。

（2）违章英雄论——我违章证明我不怕死，是英雄。

（3）事故难免论——事故是难免的，出事故是正常的。

（4）习惯难改论——已经养成这样的习惯了，我怎么改得过来。

（5）预防遥远论——预防事故怎么可能？远着哩！

（6）规章应付论——规定是那样的，但我们可以这样。

（7）防护品无用论——防护用品有什么用？不过是做做样子而已。

（8）违章不一定有事故——我哪会那么倒霉，一违章就出事？

（9）安全是做给领导看的——安全不过是做给领导看的。

（10）安全就是应付检查的——检查来了装装样子应付过去就行了。

（11）事故决定于运气——运气好，你怎么做也不会出事。

（12）反正有工伤保险，事故伤害无所谓——不是有保险吗？工作怕什么。

（13）安全生产是领导的责任，与己无关——安全有领导就行了，关我什么事？

（14）安全复训"厌学情绪"——天天讲安全，月月学安全，有什么意思？

思想是行动的先导，只有深刻认识到不安全行为的危害，才能从根本上杜绝不安全行为。安全事故的发生始终存在于一个人举手投足的瞬间，意识闪动的一刹那。因此必须将安全植根于意识之中，让正确的安全观念成为一种习惯才能保证安全。

⚡ 4. 一点小疏忽，就是大事故

安全是一件极其精微、极其细致的工作，容不得半分的疏忽和大意。众多安全事故用血的教训表明，大多数事故就是由"小事"演变成"大事"的。俗话说"打湿衣服的都是毛毛雨"，很多时候都是因为我们忽略了安全中的小毛毛雨，没有及时有效地躲避，最终尝到了湿透衣服的滋味。

某煤矿发生了一起运输安全事故。当地立即开展救援工作，救援工作结束后，经现场核实，事故涉险人数18人，其中死亡15人，受伤3人。初步查明事故原因系违规操作，矿车坐人且人货混装。当时该矿换班之后，18名矿工乘坐8节长的矿车沿着28°坡度的坑道下井，其中2

节车厢载货，6节载有矿工，矿车下到150米左右时，载有矿工的6节车厢脱钩快速下行。3名被甩出矿车的矿工受伤，其余15名矿工全部遇难。

很多情况下引发重大事故的，都不是重大错误，恰恰是小错误、小失误。工作中出错，往往不是出在难办、复杂的事情上，而是出在细小、简单的事情上，原因就是事情不大、不复杂致使我们没把它当回事，从而产生麻痹、侥幸心理。然而正是这些不太起眼的"小疏忽"引发了惊天动地的"大事故"。因而关注安全，一定不能有一丝一毫的放松、马虎、麻痹。

某企业进行安全培训考试，规定及格标准为满分。即一百分的卷面，被扣掉一分都算不及格。有人表示不理解，领导就问："如果在你没掌握的那一分内容里，出了问题，发生了事故，怎么办呢？"这个人被问得哑口无言。

一件小事的失误，一个细节的疏忽，会造成前功尽弃、满盘皆输的结果。安全工作中无小事，任何惊天动地的大事，都是由一个又一个小事构成的。任何细节，都会事关大局，牵一发而动全身，每一件细小的事情都会通过放大效应而凸显其重要影响，都会产生不可想象的后果，所以要安全，要"零事故"，就一定不能有一丝一毫马虎大意。

⚡ 5. 不要心存侥幸，事故面前人人平等

所谓侥幸心理，就是指偶然获得利益或躲过不幸后，总是希望能够继续意外获得成功或免除灾害的心理活动。心理学研究表明，侥幸心理是人的本能意识，这种心理反映在人们的各种思维活动中。

侥幸心理几乎是人人都有的一种心态，这种心态会使人相信通过某种偶然的不确定事件的发生而使自己获得意外的收益，或者躲过某种确定可以出现的灾难，是一种与事情的常态发展相违背的心理预期。在特定的条件下，这种心理预期会给人带来一定的乐观态度，在人感到悲观时，会起到一定的心理支撑作用，使人不至于为了当前发生的事情而心情沉重以至精神崩溃，这是侥幸心理存在的积极意义。

但是，对于安全管理来说，这种心理是需要全面消除的不良心理。因为一旦心存侥幸，就极有可能会发生事故。

某气化厂空分装置发现氧气泄漏，上报后判断不影响生产，就继续运行，半个月后，泄漏点情况恶化，形成了一条25厘米长的裂缝，企业决定开启备用设备，但备用设备长期不使用，配件缺失，临时采购配件周期又长，企业就坚持"带病"生产，不采取停产检修措施，几天之后发生爆炸，导致重大人员伤亡事故。

经调查，事故的根本原因是气化厂安全发展理念不牢，安全发展意识不强，重生产轻安全；形式主义、官僚主义严重，层层研究请示，该

决策时不决策。从发现泄漏点到事故发生，历经很多天，厂里却不按安全管理制度和操作规程停车检修，导致设备"带病"运行，隐患一拖再拖，由小拖大，拖至爆炸。

这起爆炸事故，究其原因，是人的侥幸心理作祟，缺乏对生命和安全的敬畏。

综观侥幸心理，主要有以下几种表现。

一是经验性侥幸，主要是指作业人员违背规定，却凭着"老经验"和侥幸取胜，制度观念淡薄，有章不循，违章作业，而导致事故。

二是技术性侥幸。主要是指作业人员由于其业务素质、工作经验、操作技能等方面的盲目自信或自以为是而导致事故。

三是管理性侥幸，有些管理者或多或少地存在这样的思想观念，总认为经济利益高于一切，有安全制度却形同虚设，有安全组织却只为生产服务，真正可说"讲起来重要，做起来次要，忙起来不要"。一些安全管理者抱着这样一种侥幸心理："多少年生产就这么过来了，也没出过什么问题，不会就这么倒霉的，等忙过了这阵再抓安全的问题。"等忙过了，思想就更松懈了：忙的时候也平安过来了，现在还操心什么，有些小毛病也不打紧，不影响大局。殊不知这样的心理，正是导致许多安全事故发生的重要原因。

某火电公司在完成3号机高压缸扣大盖作业中，操作工曾几次违反安全规章，在汽缸与跳板之间跨来跨去，侥幸没有出事，胆量越发大了起来。后来一次跨越时，由于步幅不够，一脚踏空，坠落地面，走完了人生之路。这正是侥幸心理导致的悲剧。

有侥幸心理的员工在工作过程中，总认为："大风大浪都闯过来了，小河沟不会翻船。""哪有那么倒霉正好这次出事故？"正是这种侥幸的心理使事故一而再、再而三地发生。

侥幸心理是安全工作的大敌,别认为上天真的会眷顾你、疼爱你、偏爱你,容忍你一再违规违纪。事故面前人人平等,千万别认为你运气好,你不会碰到;千万别下赌注,认为你会赌赢,世界上没有那么多侥幸。

6. 拒绝麻痹大意,安全容不得半点大意

安全工作尤其事关生命财产大事的安全工作,容不得麻痹大意。心理学认为,麻痹大意主要是一种理念重复时间太长,受众就会产生习惯性麻痹,形成行动障碍,形成对该理念的逆反的一种心理。还有一种分析认为,麻痹大意是人们在经历长期的安全之后,往往会放松心中的安全弦,放下了警觉,导致失去了对危险的判断力,从而把自己陷入危险之中的一种心理。

在广大的非洲大草原上,生活着一种吸血蝙蝠,它虽然身体很小,却是野马的天敌。每当它确定目标时,就会悄悄接近野马,然后趴在野马腿上,用锋利的牙齿慢慢咬破野马的腿,把尖尖的嘴插进马腿的伤口中,慢慢吸起血来。当野马感觉到腿部疼痛时,便会用蹄子踢一下,继续垂头吃草。不久,野马感到腿部麻木、全身发软、头昏眼花,便本能地用蹄子踢,但已经无济于事了,一切都晚了,不一会儿便倒在地上,在痛苦中慢慢死去。

野马最大的危机不是被狮子、猎豹、豺狼等猛兽击倒，而是遇到不起眼的吸血蝙蝠，没有意识到灾难的来临，甚至没有觉察到，或者即使觉察到了也没有当一回事，最终招致灭顶之灾。这是典型的麻痹大意。

麻痹大意实质上也是侥幸心理在作祟，它意味着安全工作中存在严重的缺陷和漏洞。如果职工抱着这种心理干工作，肯定要出问题。因此，抓安全要拒绝麻痹大意。无论看起来多么安全，多么万无一失，也不能有丝毫大意，否则，尝到苦果的就是自己。

泰坦尼克号海难事故为和平时期死伤人数最惨重的海难之一，同时也是最为人所知的海上事故之一。泰坦尼克号是当时世界上最豪华、高级的游轮，注册吨位46328吨，排水量达66000吨，也是当时最大的客运轮船。它的处女航确定的路线是从英国南安普敦出发，途经法国瑟堡、奥克特维尔以及爱尔兰昆士敦，计划中的目的地为美国纽约。但航行没多久泰坦尼克号撞上了冰山，2小时40分钟后，船裂成两半后沉入大海。

泰坦尼克号有着让人放心的安全设施。它不仅豪华，而且设计独特，船体有16个密封隔舱。如果船体某个部位被撞穿，那么只有在被撞裂的隔舱处进水，其他隔舱仍具有浮力，船并不会马上沉没，至少可以漂浮3天以上，这就使得有了足够的救援时间。设计时还考虑了最糟糕的情况，如果泰坦尼克号被两艘船撞击，那么它依然能够在海上漂浮1～3天。如此周密的安全措施，这也是泰坦尼克号赢得"永不沉没"巨轮称号的缘由。然而，正是这些安全措施使得当时的人们麻痹大意，造成了巨大的事故。一位幸存者清楚地记得一位船员曾说过这样一句话："就是上帝亲自来，他也弄不沉这艘船。"可见船上的人们对这艘初次试水的巨轮多么有信心，以至于完全放下了安全警觉。不仅是船员，泰坦尼克号号称经验丰富的老船长爱德华·史密斯竟然也说："根据我所有的经验，我没有遇到任何值得一提的事故。我从未见过失事船只，从未处于失事的危险中，也从未陷入任何有可能演化为灾难的险境。"足够丰富的经验也让他放松了警惕。倘若仅仅是这两个人失去安全意识，还不可能使这艘号称"永不沉没的梦幻客轮"葬身大海。

  守望员本来可以借助望远镜及早发现冰山，那么，巨轮依旧会安然无恙。但是在启航前，泰坦尼克号原先的二副突然被调离，而他走时忘记将钥匙留下，以致接替者无法打开橱柜拿到望远镜。结果，守望员只能凭肉眼进行观测。

  人们常说，上帝为你关上一扇门时，总会为你留一扇窗，可是泰坦尼克号的人员却无视这扇窗户的存在，让本来还有机会逃过一劫的泰坦尼克号最终走上绝路。当时英国邮船卡罗尼亚号也航行在该海域，它发现了冰山并绕了过去，随即给泰坦尼克号发去一份电报："向西去的船只通知，在北纬42度、西经51度的海域中有冰山。"但是，这份关乎全员生命的电报却没有引起船长的重视。晚上19时30分和21时40分，加利福尼亚号轮和美莎巴号轮也先后发现冰山，它们都顺利地绕道而过。22时40分，加利福尼亚号给泰坦尼克号发去一份急电，提出危险的警告，但泰坦尼克号的报务员竟为了优厚的小费，忙着给乘客发私人电报，以至于他没有心思听完这份关乎生死存亡的电报。

  至此，泰坦尼克号的悲剧注定要发生了。高速行驶的泰坦尼克号撞上了冰山的水下部分，船的右侧被撞开一道将近90米长的大裂口，从前尖舱直达锅炉间。汹涌的海水猛烈地撞进巨轮的内部，把6间防水室都撞坏了。尽管采取关住水密室装置这一紧急措施，但占总数1/3以上的防水室受损进水，人们已无法避免泰坦尼克号的沉没。据后来的统计，救生艇上共有695人获救，不到全部人数的1/3，遇难人数超过了1500人。

  很多危险或者很多事故的发生并不是没有征兆，只是人们麻痹大意、自以为是，忽略、轻视甚至拒绝了这些事故前的警示。泰坦尼克号在5天的时间里收到其他邻近船只发出的警告达到21次之多，哪怕有一次被人们重视了，泰坦尼克号也不会遭此巨大的灾难，但从船长到船上的每个工作人员，都多次忽视危险的警告，所以这也注定了泰坦尼克号从出发的那一刻就是朝着死神航行的。

俗话说"小心驶得万年船"，要安全，要"零事故"，就一定要小心翼翼，要谨小慎微，要在"严""细""实"上下足功夫。

"严"就是对安全生产工作严格管理。首先，加强员工安全意识，确保"万无一失"，统一思想认识。其次，认真执行"安全第一，预防为主"的方针，把安全工作放在首位。再次，坚持"管生产必须管安全"的原则，杜绝出现"安全说起来重要、干起来次要、忙起来不要"的现象。

"细"就是安全工作要做得细。对安全工作要做到勤检查、细检查，在检查过程中要细致入微，发现问题要及时处理和整改，切忌侥幸心理。认真细致召开每日班会，反复强调各岗位及作业场所的主要危险因素、预防措施及控制方法，使每个员工都做到在作业过程中心中有数，每个作业环节都能符合安全生产的规范要求。在作业过程中要努力做到不忽视每一处疑点，不放过每一个隐患，及时准确地发现问题、解决问题，把事故苗头消灭在萌芽状态。

"实"就是要认真落实安全生产责任制，做到责任明确，考核项目、考核标准奖励办法明确。要始终做一个有心人，经常对作业情况进行督促检查，从人员、环境和机械设备入手，对各种可能发生事故的隐患及早消除，做到超前预防和控制。严格执行各项规章制度，按章办事，反对习惯性违章，落实安全生产责任制，一旦出现问题，严格按照"四不放过"的原则来办，全面杜绝麻痹大意。

⚡ 7. 以安全意识规范安全行为

安全工作依赖于物质和精神两方面，物质方面主要是安全设施，精神方面主要是安全意识。安全意识包括有关安全的意愿、知识、自觉、自律等。调查表明，思想意识上的轻视、疏忽，没有在心中树立起"责任大于天"的意识是导致安全事故频繁发生的重要原因。

安全意识的活动过程包括个人运用感觉、知觉等技能，对所处的潜在危险状态进行感知，运用经验、学习、记忆和智慧等能力，对危险进行认识。也就是员工自己根据个性、动机、经验和风险倾向做出是否采取避免措施的决策的主观意识过程。当然也涉及其生理、心理条件是否有能力执行"决策"。如果"否"，则会导致不安全行为出现，致使事故发生；如果"是"，则行为安全不会出现事故。因此，安全意识是引导人们科学认识和解决安全问题、决定安全行为的根本途径。

以安全意识规范员工安全行为就是不管做什么事情，首先要考虑到安全问题，做这件事情有什么危险、危害因素，容易发生什么样的安全事故，事先应该采取怎样的应急和防范措施才能避免发生事故。

例如，上下班路上主要是道路安全问题，主要的危险因素是撞伤、跌伤、摔伤，最容易发生的事故是车辆伤害。所以上、下班时首先要考虑一下这些问题，做好防护，留足在路上需要的时间，防止因赶时间而加快行动导致事故。特别是骑摩托车上下班的员工要做到证照齐全，戴好头盔、护膝等防护用品，防止交通事故的发生。

当然,安全意识需要长期培养、不断强化,最终才会刻进心里,融进血液,从而规范我们的安全行为。只有当安全意识成为一种主动和自觉,安全行为才能跟上。

围绕纠正员工不安全行为、反思日常岗位操作,甲、乙、丙三个煤矿项目部分别走出了具有自己特色的安全员培养之路。在每天班前会时间,甲煤矿项目部各小队会议室都会上演这样一幕:台上一名员工连说带比画地讲着安全的相关内容,台下的员工则认真地听讲,并不时在本上做记录。会后,他们做的笔记将被认真地检查、评定,并将评定结果张贴在墙报上。这种"以写代听、以记代听"的情景正是甲煤矿项目部推广实施安全管理体系活动的缩影。

为了提高广大员工纠正自身不安全行为的觉悟积极性,乙煤矿项目部对施工现场作业人员不安全行为进行了归类梳理,按岗位为每位员工印发了不安全行为识别卡,加强了岗位风险预控。同时,项目部制定了不安全行为奖罚递增制度,即对连年未发生不安全行为的作业人员发放奖金且逐年递增,反之罚款递增。丙煤矿项目部则把"人人写反思"作为提高员工安全意识的重头戏,要求每一位员工针对自己岗位,围绕如何加强危险源辨识,提高安全意识进行反思,并根据自身的体验,写出深刻的感受。经过长期这样的训练,员工违章违纪行为明显减少。

规范员工日常行为标准是确保员工安全的基础。要使安全成为下意识行为,成为行为习惯,关键要通过学习全面提高知识修养,充分认识安全内涵,真正领悟生命的价值,发自内心地珍爱生命,让安全在头脑里扎根开花,从而促进员工安全行为的养成。

第一,视安全为需要,提高自我安全意识。安全意识因人的知识水平、实际经验、社会地位等方面的不同而不同。按美国心理学家马斯洛提出的需要层次结构论，人的需要从低到高分为生理、安全、社交、尊重、自我实现五个层次。其中安全被列为基本的需要，是人的高级的物质需要和精神需要的基础，是人的行为活动的原动力。

第二，学习安全规程和安全技术，形成安全理性意识。要定期开展安全规程学习和考试制度，才能实现安全意识由量到质的飞跃。只有通过学习、积累提高安全知识，安全意识活动的积极能动性才会被释放、被激发。而且通过学习过程中的感觉、知觉，使表象不断上升为概念、判断、推理，并运用逻辑的、理智化的思维活动，将安全意识形成系统化、体系化、高度自觉化的理论体系和思想，从而形成安全的理性意识。安全理性意识的形成不仅能使职工适应安全生产的需要，还能反映安全生产的本质特征和规律，能超前反映安全生产的未来发展趋势。这种理性意识能积极有效地指导人们的行为活动方向，为避免事故和差错奠定良好的心理基础。

第二章

强化防范意识：许多事故都是可以预防的

实现安全「零事故」，听起来似乎很难，实际上只要我们学习事故发生理论，了解事故发生的诱因，强化防范意识，清除一切隐患，从源头上、根子上切断引发事故的所有诱因，许多事故都是可以预防的。

1. 把事故预防意识融进血液里

防患于未然，是中国古代的安全智慧。两千多年前的荀子说："一曰防，二曰救，三曰戒。先其未然谓之防，发而止之谓之救，行而责之谓之戒。防为上，救次之，戒为下。"在这里，荀子说了三种办法，第一种办法是在事情没有发生之前就预设警戒，防患于未然，这叫预防；第二种办法是在事情或者征兆刚出现时就及时采取措施加以制止，防微杜渐，防止事态扩大，这叫补救；第三种办法是在事情发生后再行责罚教育，这叫惩戒。

为什么预防为上策？因为只要预防工作做得好，事故是不会发生的。老话说"有备无患""凡事预则立，不预则废"。抓安全、防事故也要像高明的医生治未病一样，预防在前，才是最高明的做法，也是最有效的做法。古代名医扁鹊，有一个发人深省的关于预防的故事。

战国名医扁鹊在回答魏文王问医时，曾有这样一段精彩对话。

魏文王问：你们兄弟三人，都精于医术，谁最高明？

扁鹊回答：大哥医术最高明，其次是二哥，最后是我。

文王又问：既如此，为何你的名气最大？

扁鹊回答：那是因为大哥治病，是在病发之前就将病根铲除了，人们不以为然，所以他的名声无法传出；二哥治病，是在病起之初就已经治好了，人们认为他只能治些小病小痛，所以他只在附近乡里小有名气；而我是在病人病情严重的时候施治，人们看到了我做的是动针、动刀、开胸破腹之类的大手术，就认为我的医术高超，所以声名远播。

扁鹊的见解，和今天我们抓安全"预防为主"的方针不谋而合，都是注重一个"防"字，防病胜于治病，防事故胜于救事故。防，是准备、是基础、是先机，是把一切不利扼灭在发生之前的关键。"人无远虑，必有近忧""工欲善其事，必先利其器""少壮不努力，老大徒伤悲""常将有日思无日，莫待无时想有时"等，无不在告诉我们一个永恒的道理：有备无患，防胜于救！特别对于安全而言，对于预防事故而言，这更是一个颠扑不破的真理。

很多安全事故是完全可以不发生或完全可以避免的，但是由于没有做好"预防"工作，不注意防范，不注意检查，不注意治理，导致安全隐患从量变到质变，从萌芽到成荫，从小病到大病，直至病入膏肓，没药可救，酿成大错，终成事故。

如果提前预防，及早治疗，许多事故都可以避开，许多大病都可以防范。预防才是保证安全、杜绝事故最有效的措施。因为赶在危险之前就发现危险、消除危险，才是避开危险最好的办法。

用杜邦公司的话说，就是"一切事故都是可以预防的"。杜邦公司用自己的实际行动和结果为这句话写下了一个完美的注脚。

杜邦公司上上下下都十分重视安全，事事、处处首先想到安全。杜邦人自豪地说：杜邦员工上班比下班还要安全10倍。杜邦在全球267个工厂和部门中80%的工厂没有出现失能工作日（一天及以上病假）事故，50%的工厂没有伤害记录，20%的工厂超过10年没有伤害记录，被评为美国最安全的公司之一，连续多年获得这个殊荣。

当然，事故都是可以预防的，并不是说事故不会发生，而是说只

要把事故预防的意识刻进心里，融进血液，永远走在事故前头，许多事故都是可以避免的。美国学者认为98%的事故是人祸，我国安全专家也承认，特别重大事故几乎100%是责任事故、人为事故；正因为事故大多是人的因素引起的，而人的行为是可以通过安全理念、意识、制度等加以约束和控制的，所以，人是事故的起点，也是事故的终点。只要抓好了人的管理，让每一个员工都有高度的事故预防意识，规范安全行为杜绝违章违纪，消除隐患，安全事故自然就可以避免了，安全事故必将极大减少。

2. 学习事故理论，明白事故发生原因

　　为什么会发生事故？其根本原因是人的不安全行为和物的不安全状态引发了安全状态的改变，从而引发事故；而管理缺陷、控制不力、缺乏知识、对存在的危险估计错误或其他个人因素等都是引发事故的原因之一。

　　关于事故的形成理论很多，其中影响较大的是事故倾向理论、事故因果连锁理论、轨迹交叉理论。

　　（1）事故倾向理论

　　该理论认为，从事同样的工作和在同样的工作环境下，某些人比其他人更易发生事故，这些人是事故倾向者，他们的存在会使生产中的事故增多。如果通过人的性格特点区分出这部分人而不予雇用，则可以

减少工业生产的事故。这种理论把事故致因归咎于人的天性，至今仍有某些人赞成这一理论，但是后来的许多研究结果并没有证实此理论的正确性。

（2）事故因果连锁理论

事故因果连锁理论是海因里希（Heinrich）提出的。海因里希认为，伤害事故是一连串的事件，按一定因果关系依次发生的结果。他用五块多米诺骨牌来形象地说明这种因果关系，即第一块牌倒下后会引起后面的牌连锁反应而倒下，最后一块牌即为伤害。因此，该理论也被称为多米诺骨牌理论。多米诺骨牌理论建立了事故致因的事件链这一重要概念，并为后来者研究事故机理提供了一种有价值的方法。

海因里希曾经调查了几万件工伤事故，发现其中有98%是可以预防的。在可预防的工伤事故中，以人的不安全行为为主要原因的占88%，而以设备的、物质的不安全状态为主要原因的只占10%。按照这种统计结果，绝大部分工伤事故都是由于工人的不安全行为引起的。海因里希还认为，即使有些事故是由于物的不安全状态引起的，其根源也是由于工人的错误所致。因此，这一理论与事故倾向理论一样，将事件链中的原因大部分归于操作者的错误，表现出时代的局限性。

（3）轨迹交叉理论

随着生产技术的提高以及事故致因理论的发展完善，人们对人和物两种因素在事故致因中地位的认识发生了很大变化。约翰逊和斯奇巴提出了轨迹交叉理论。该理论的主要观点是，在事故发展进程中，人的因素运动轨迹与物的因素运动轨迹的交点就是事故发生的时间和空间，即人的不安全行为和物的不安全状态发生于同一时间、同一空间。

轨迹交叉理论将事故的发生发展过程描述为基本原因→间接原因→直接原因→事故→伤害。这样的过程被形容为事故致因因素导致事故的运动轨迹，具体包括人的因素运动轨迹和物的因素运动轨迹。

人的因素运动轨迹源于人的不安全行为，一般有行为失误，生理、先天身心缺陷、社会环境、企业管理上的缺陷、后天的心理缺陷，视、听、嗅、味、触等感官能量分配上的差异。而物的运动轨迹由生产过程各阶段的不安全状态共同组成，包括设计上的缺陷，如用材不当、强度计算错误、结构完整性差等；制造、工艺流程上的缺陷；使用上的缺陷；维修保养上的缺陷，降低了可靠性；作业场所环境存在的缺陷。

轨迹交叉理论突出强调砍断物的事件链，提倡采用可靠性高、结构完整性强的系统和设备，大力推广保险系统、防护系统、信号系统、高度自动化和遥控装置。这样，即使人为失误激发了人的因素，安全闭锁等可靠性高的安全系统会使物的因素发展得以控制，从而避免伤亡事故的发生。也就是说管理的重点应放在控制物的不安全状态上，即消除"起因物"，当然就不会出现"施害物""砍断物"的因素运动轨迹，使人与物的轨迹不相交叉，事故即可避免。所以，要防范事故，最重要的就是不让人的不安全行为和物的不安全状态交叉。

（4）事故冰山理论

这个理论认为，安全事故的发生类似在海里漂浮的冰山，露出海面的冰山只是事故一角，真正的事故主体是隐藏在海下的那部分。一个事故露出来，水面下必定有成千上万的安全隐患被掩盖其下，而这些未暴露的问题才是最重要的。

当然，事故发生的原因理论远不止这些，还有很多学者提出不同理论，这些理论被称为事故致因理论，也称为事故发生及预防理论，是指导安全工作的基本理论。

⚠ 3. 筑牢事故预防意识，掐灭事故苗头

在平时的工作中，我们每一个人都要有保障安全、防范危险的意识，时时刻刻想到危险，想到后果，想到发生之后是怎样的结局。这种事故防范意识正是我们防范事故、杜绝事故最大的力量源头。

某工程在施工过程中由于项目负责人安全意识淡薄，忽视了对钻机的例行检查，结果造成一名员工受伤，财产受到损失，自己也受到了处罚。

而在另一个工地，也有一个项目负责人，在看到其他施工单位钻机事故后，联想到本单位的钻机状况，果断停止施工，连夜对本单位钻机进行检查，结果发现了极其危险的安全隐患，并及时进行了排除，避免了一次大的安全事故，不但使员工的生命健康获得了保障，保护了财产安全，而且没影响施工的进展，该项目负责人受到了上级的通报表扬。

同是项目负责人，安全意识的不同，导致两种截然不同的结果。可见安全防范意识对于防范安全隐患、杜绝事故发生意义巨大。

意识是人的一种潜在思维，是人对某种事物的认识态度。安全意识就是人的潜在安全认识。管理专家韦尔奇（Welch）说："文化因素，才是维持生产力增长的动力，也是没有极限的动力来源。"安全文化就是将企业的安全价值观、道德标准潜移默化地植根于员工心中，提升员工的安全意识。安全意识是安全文化建设的先导，只有全体员工都树立

起安全意识，才会重视安全文化的建设，才会保证行为安全。

事故预防意识，决定了工作的安全性。事故预防不强，就很可能出现各种违反规程的偶然性违章，及安全标准不高的问题，而且一旦发生了危害，人身安全就会受到威胁，设备的安全运行就得不到保障，事故就难以避免。

某煤矿矿井发生重大火灾事故，该矿井第一联络巷处电缆着火，火势迅速扩大，引燃巷道木支架及煤层，产生了大量一氧化碳等有毒有害气体，并沿进风流进入采煤工作面，造成25人中毒窒息死亡。

当班人员要打通的巷道长80米，经过多天的作业，已经打了50米，再有30米就打通了，可是悲剧就这样发生了，最终25人全部因吸入大量有害气体而窒息死亡。在煤矿安全生产事故中，瓦斯爆炸、透水等事故比较常见，而这次事故是电缆着火引起的悲剧，实在让人难以置信。究其原因是矿主为了省钱，让那些老化的机器超期服役，带来了巨大的安全隐患，最终酿成悲剧。

这起事故的发生，就是矿主根本没有把员工的安危当作一件大事，而是随意敷衍，没有安全防范意识导致的，而员工们对矿主不负责任的行为也没有引起足够的警惕，最终25条鲜活的生命，连同身后的数十个家庭被摧残。这样的事故惨剧怎么不令人心痛。

安全生产要实现可控、在控、能控，安全事故要全面杜绝，实现"零事故"，首要的是职工的思想、行为要实现可控、在控、能控。机器设备、安全设施只要投入足够的资金，通过技术改造，提高自动化水平，就能达到可控、在控、能控。而人是活的因素，人的可变性、差异性太强，实现意识、行为的可控、在控、能控是非常困难的。只有筑牢事故预防意识，提前自控防范，才能掐灭事故苗头，把事故消灭在萌芽状态。

一要树立"一切事故都是可以预防的"意识。这是科学的安全管理理念。如果我们预先对工作场所、设备等所有工作对象、劳动工具以及人的行为进行了全面的、科学的危险辨识和评估，并根据评估结果采取了有针对性的预防措施，则无数个可以预防的个体总和，便是所有事故均可避免的结论。

二要树立"预防在前"的超前意识。要居安思危，安危因素共存于一切事物的整个过程之中。在日常工作和生活中，不能习惯于不出事故不知道，出了事故吓一跳；不出事故不关心，出了事故才去找原因。要防患于未然，必须具备超前预测和预防事故的能力，并有一个严、细、勤、实的工作作风。还要加大安全监督管理的力度，把各项防范措施落实在事故发生之前，将工伤事故和各种职业危害消灭在萌芽状态。只有这样，才能牢牢掌握安全工作的主动权，才能使事故的发生率降到最低点。

三要树立正确的安全观念。要有"不伤害自己，不伤害别人，不被别人伤害"的安全观，大力提倡"我为人人，人人为我"的思想意识，时时处处以"我"为中心，"我"字当头，从"我"做起，从身边做起，增强自我保护意识，提高自我保护能力。如此一来，在各行各业的生产大军中，千千万万个"我"在无形之中构建了一个偌大的"安全防护林"，安全就有了保障。

四要树立掐灭事故萌芽的意识，要"做在前"。在生产过程中，对于人的不安全行为、机械设备的不安全状态、环境的不安全因素、管理工作中存在的问题和尚未整改的缺陷等，要事先鉴别和判断可能导致伤害事故的各种因素，特别是重大事故的隐患，要及时采取果断的措施，消除和防止事故的发生。

某变电车间内变电所相继出现了两起六氟化硫断路器因灭弧气体泄漏引发的自动跳闸故障。虽未危及行车供电安全，却是严重的事故隐患，企业随即安排技术人员深入现场调查、分析。经查明，这些故障均属同批投运已17年之久的外国设备，已进入断路器检修工艺规定的大修周期。

灭弧气体泄漏是由灭弧装置中密封垫磨损所致，而密封垫磨损的"罪魁祸首"是断路器的传动轴。

"一定要把事故苗头消灭在萌芽时！"在车间召开的故障分析会上，公司管理层决定将这一批设备全部更换，进行大修，以消除所有隐患，阻绝事故的发生链条，从而全面杜绝了事故发生的可能。

"做在前"，不仅要细查隐患、及时清除，还要认真分析各种事故的原因，从中找出一些带有规律性的东西，认真总结经验和教训，防止和杜绝类似事故的重演。

⚡ 4. 查隐患要细，不放过任何疑点

事故的源头是隐患，隐患离事故仅一步之遥。如果不能认真对待隐患、及时清除隐患，就等于埋下了定时炸弹，事故就会防不胜防，甚至无从防起。所以，任何时候都不能轻视隐患、忽略隐患，要记住：隐患不清除，就会有危险，就会发生事故，就会有伤亡！

隐患有大小，危害却无穷。查找隐患时千万不能大意，不能放过一丝一毫。即便隐患再小，隐藏得再深，用放大镜、显微镜也要把它找出来，及时整改，才能保证安全。因而，查隐患要有一双如孙悟空一般的"火眼金睛"才行。

某电建项目部二号炉操作工黄师傅在操作时，突然感觉好像有亮光。凭多年工作的本能，他急忙检查，发现炉顶放料平台的广式照明变压器线圈着火，大约在炉顶72.8米处。如果不及时灭火，火势必将进一步蔓延，引发事故。黄师傅一边喊人，一边顺着电源线寻找开关，关闭了电源。又将明火扑灭，用茶水浇注着火部位，彻底消除了安全隐患。

正是黄师傅的"火眼金睛"，及时发现了隐患，才避免了一起重大的事故。"火眼金睛"是孙悟空的法宝，在西天取经的漫长道路上，各类妖魔鬼怪幻化出的异象令人防不胜防，倘若不是孙悟空的"火眼金睛"洞若观火，辨别哪些是妖怪、哪些是良善、哪些要严厉打击、哪些要安慰帮助，只怕到今天还没有取回真经，而且唐僧也说不定进了哪个妖怪的肚子了。隐患就是安全生产的妖魔鬼怪，就是防范事故的拦路虎，就是要用我们的"火眼金睛"来发现并清除的"祸害"！

生产中的安全隐患很多，诸如企业管理制度和操作规程不完善；执行制度不严格；生产现场存在跑、冒、滴、漏现象；防爆区域电气不防爆；设备陈旧，平台、栏杆、楼梯、管道锈蚀严重；三级安全教育不到位，未吸取外单位事故教训；生产工艺落后；安全设施检测维护不到位；警示标识、安全告知不全；危险化学品超量存放和不分类存放；可燃气体、有毒气体报警仪该装的地方未装，或装好的维护不到位；职工防护用品不全，佩戴不规范；应急设施不全，装备和资源不足，措施和材料不到位等，这些都是需要我们好好查找、不可疏漏的。还有如我们思想意识上的隐患、工作态度上的隐患、生产系统中的隐患、工作岗位上的隐患等，隐藏得更深，更需要我们提高警觉性，及时查找，及时整改，尽快处理、消除，才能真正保证安全。

要炼就"火眼金睛"当然需要员工下功夫。要强化学习安全规章制度，强化安全意识，认识违章的严重后果，增强辨别安全隐患、防患于未然的能力，要在岗位安全这座"八卦炉"里"烟熏火燎"地强化自己的安全技能，真正炼出一双"火眼金睛"，把那些隐藏比较深、不易为人们所察觉的安全隐患及时找出来，并予以纠正，我们的安全才有保障。

查隐患要不漏掉一个疑点，不留下一个死角。因为隐患会随着时间、技术、设备、管理等变化而变化，旧的隐患消灭了，新的隐患又发生了，周而复始。所以查隐患是一个长期的、系统的工程，不可能查一次就万事大吉，所以要"反复查"，还要"查反复"。

在东北曾发生过一起油罐区重大爆炸火灾事故，造成6人死亡、6人受伤，事故现场17公里处能感到震动。而在爆炸发生前三天，罐区操作工在巡检中发现裂解碳四球罐出口管路弯头处泄漏，立即报告，并做出处理。这天中午当班班长再次发现泄漏，打电话向厂生产调度室报告，并要求消防队现场监护。当天下午位于泄漏点北面约50米的丙烯腈装置焚烧炉操作工也报告罐区产生白雾，而且白雾迅速扩大，来不及处理，现场即发生爆炸。之后又接连发生数次爆炸，爆炸导致罐区四个区域引发大火。

这家企业经常进行安全隐患的查找工作，并且对于易发生安全事故的各种危险因素也做了重点排查和整改。但是为什么事故还会发生呢？其中最重要的原因就是隐患是动态变化的，并非一成不变的。如果不"反复查，查反复"，就极易放过隐患，导致灾难。

经常有基层生产班组长说："我们连续对所负责区域进行了彻头彻尾的排查，查出的隐患，全部进行了整改处理，落实整改率达到100%，没有隐患了。"然而，在自认为"没有隐患"时，在联合检查、突击检查时，却又发现了这样那样不该出现的隐患和问题。究其根源，就是在隐患的查找和处理上，存在麻痹大意的思想，以至于对隐患的潜在性和动态变化性缺乏足够的认识，忽视了隐患客观存在的规律。

其实，隐患排查治理是一个动态的过程，老的隐患消除了，新的隐患还会产生；表象的隐患消除了，潜在的隐患仍然存在，不可能一劳永逸。特别是隐患会随着生产的运行变化而变化。也许前一刻还不成为隐患，但在下一刻就成了重大隐患；也许前一分钟刚刚整改消除的隐患，在下一分钟又会成为隐患甚至引发事故。可见，查隐患绝不是一劳永逸的事情，一次检查也绝不能解决长期问题。随着条件变化，一些新隐患滋生，加上原来还有没整改到位的隐患的存在，隐患绝不是查一次就能一了百了的事。所以，隐患排查治理要作为经常性的工作，坚持不懈地抓下去。在查找中切忌蜻蜓点水、敷衍应付、走马观花，只有扎实不断地把一些还未暴露的、处于萌芽状态的问题统统都挖出来，进行彻底整改，才能真正实现没有隐患的目标。查隐患要时时刻刻地查，要查隐患的反复，才能真正揪出所有危险的因素，确保我们的安全。

隐患因其细、微、小，因而必须细检细查，不能放过一丝一毫。俗话说："沙粒虽小伤人眼，小雨久下会成灾。"小过错与大祸端没有不可逾越的屏障，事物量变到一定程度就会引起质变，小过错不可小视，小隐患更需要认真查找，仔细对待，不然就会引发大事故。

再坚固的安全长堤，如果忽视了一个细小的漏洞，也会在灾难面前土崩瓦解。所以查找隐患一定不能有任何粗心和大意，要严把每一个细节，卡控每一个环节，一丝一毫也不放过，不漏掉一个疑点，不留下一个死角，把安全做实做透，做到完美，才能真正实现"零事故"。

⚠ 5. 除隐患要彻底，放过隐患等于制造事故

隐患就是危险，隐患就是危害，隐患就是事故的前兆，隐患就是安全的绊脚石。隐患不除，企业就无宁日，安全就无保障。所有事故隐患，包括人的不安全行为和物的不安全状态，一经发现，都应立即整改，全面消除。即便特殊情况下一时不能整改的，也必须及时采取相应监控措施，并对实施过程和实施效果进行跟踪、验证，确保整改或监控达到预期效果。如果我们查找出了隐患，却不管不问，放任自流，或纵容包庇，放过隐患，那我们就极有可能在制造事故，甚至在自杀或杀人！这绝不是危言耸听，因为放过隐患，就等于失去了一次清除危险、防范事故的机会，发生事故的概率就大大增加。

某化工厂黄磷车间发生了一起因违章操作致黄磷泄漏引发火灾的事故。事故造成该厂厂房和部分生产设备损坏，还导致全厂生产系统停车数小时，2号黄磷电炉停产长达12个小时。

那天下午，该厂黄磷车间2号黄磷电炉压磷操作工聂某接班后，将放在1号精制锅的压磷管放入2号精制锅内，然后准备去漂洗磷泥。在漂洗磷泥时，聂某发现精制锅中的磷泥较硬，于是关掉了漂洗热水并打开蒸汽煮磷泥。18时左右，精制锅中的磷泥煮好了，聂某刚要开始漂洗，又发现热水管内无水，热水阀转动较松，聂某认为是阀门故障，于是向当班班长李某反映了此事，李某随后安排检修人员检修。

检修人员检查阀门后，未发现问题。聂某于是又卸下了压磷夹布胶管进行检查，发现夹布胶管和放磷阀门出口均被黄磷冻堵，便对其进行了处理，然后重新接上夹布胶管。20时45分左右，李某来到压磷岗位，了解管线处理情况，问聂某管线是否疏通了。聂某说管线已经疏通随后打开放磷阀，开始放磷并开预沉槽补充水。当聂某转身走出大约3米时，突然听到李某大叫关掉放磷阀，聂某转身一看，放磷阀附近已是烟雾腾腾、火光闪闪。此时再想关掉放磷阀已经很难，因为黄磷燃烧的烟雾过大，根本看不清阀门位置。事故导致李某身亡。

有些隐患是习惯性的违章违纪；有些隐患是已经查找出来的，却依然没有引起足够的重视，依然被放过、被忽略，最终引发了不可避免的事故。看似微小的隐患，却带来了极为严重的后果。所以，不管是什么样的隐患，不管是大是小、是急是缓，是司空见惯还是稀有罕见，都绝不能放过。因为放过隐患就等于制造事故。

特别是对于生产现场的一些隐患，更需要我们高度重视，因为现场是事故的高发地，隐患也极易转化成事故。对现场安全、机器设备及物料的安全状态仔细巡查，对平常一些不太遵守劳动纪律、喜欢冒险、心存侥幸的职工给予更多的关注，及时处理危险物态，及时纠正违章违纪行为，才能全面防范事故，保证安全。不然，事故就无可避免。

"放过隐患就是制造事故。"隐患可以排除，事故一旦发生便再也无力回天。所以查隐患要仔细，除隐患更要彻底，完完全全清除所有的隐患，安全才有保障，事故才能避免。

⚠ 6. 掌握事故预防要点，及早预防让事故为零

事故的危害包括可能发生的人员伤亡或财产损失，会造成生产经营活动停滞，严重的还会造成社会稳定等重大社会影响。按伤害的种类可分为物体打击、车辆伤害、机械伤害、起重伤害、高处坠落、火灾、触电（包括雷击）等20种。

对于员工而言，事故可能会随时发生，这不仅要求我们严守规章制度、遵守劳动纪律，按照操作规范来操作，还需要我们学习岗位安全技能，全面掌握各种事故的预防要点，熟悉事故控制和预防措施，才能真正预防事故的发生。

（1）机械伤害事故预防要点

机械伤害事故是人们在操作或使用机械过程中，因机械故障或操作人员的不安全行为等原因造成的伤害事故。发生事故以后，受伤者轻则皮肉损伤，重则伤筋动骨、断肢致残，甚至危及生命。预防机械伤害应从以下几个方面入手。

①检查机械设备是否按有关安全要求，装设了合理、可靠又不影响操作的安全装置。

②检查零部件是否有磨损严重、报废和安装松动等迹象，发现后应及时更换、修理，防止设备带病运行。

③检查电线是否破损，设备的接零或接地等设施是否齐全、可靠。

④检查电气设备是否有带电部分外露现象，发现后应及时采取防护

措施。

⑤检查重要的手柄的定位及锁紧装置是否可靠,发现问题及时修理。

⑥检查脚踏开关是否有防护罩或藏入机身的凹入部分,如果没有,应改正以后才能操作。

⑦操作人员在操作时应按规定穿戴劳动防护用品,机械加工严禁戴手套操作,留长发人员应戴工作帽,且长发不得露出帽外。

⑧操作设备前应先空车运转,确认正常后再投入运行。

⑨刀具、工装夹具以及工件都要装卡牢固,不得松动。

⑩不得随意拆除机械设备的安全装置。

⑪机械设备在运转时,严禁用手调整、测量工件或进行润滑、清扫杂物等。

⑫机械设备运转时,操作者不得离开工作岗位。

⑬工作结束后,应关闭开关,把刀具和工件从工作位置退出,并清理好工作场地,将零件、工装夹具等摆放整齐,保持好机械设备的清洁卫生。

(2) 触电事故预防要点

触电事故是指操作人员身体接触高压或低压带电设备或导线。

①电气操作属特种作业,操作人员必须经培训合格,持证上岗。

②车间内的电气设备,不得随便乱动。如果电气设备出了故障,应请电工修理,不得擅自修理,更不得带故障运行。

③经常接触和使用的配电箱、配电板、闸刀开关、按钮开关、插座、插销以及导线等,必须保持完好、安全,不得有破损或带电部分裸露现象。

④在操作闸刀开关、磁力开关时,必须将盖盖好。

⑤电气设备的外壳应按有关安全规程进行防护性接地或接零。

⑥使用手电钻、电砂轮等手用电动工具时,必须:

▲安设漏电保安器,同时工具的金属外壳应保护接地或接零。

▲若使用单相手动电动工具时，其导线、插销、插座应符合单相三眼的要求；使用三相手动电动工具，其导线、插销、插座应符合三相四眼的要求。

▲操作时应戴好绝缘手套和站在绝缘板上。

▲不得将工件等重物压在导线上，以防止轧断导线发生触电。

⑦使用的行灯要有良好的绝缘手柄和金属护罩。

⑧在进行电气作业时，要严格遵守安全操作规程，遇到不清楚或不懂的事情，切不可不懂装懂，盲目乱动。

⑨一般禁止使用临时线。必须使用时，应经过机动部门或安技部门批准，并采取安全防范措施，使用完，要按规定时间拆除。

⑩移动某些非固定安装的电气设备，如电风扇、照明灯、电焊机等，必须先切断电源。

⑪在雷雨天，不可靠近高压电杆、铁塔、避雷针的接地导线20米以内，以免发生跨步电压触电。

⑫发生电气火灾时，应立即切断电源，用黄沙、二氧化碳、四氯化碳等灭火器材灭火。切不可用水或泡沫灭火器灭火。

⑬打扫卫生、擦拭设备时，严禁用水冲洗或用湿布擦拭电气设备，以防发生短路和触电事故。

⑭建筑行业用电，必须遵守用电规范。

（3）物体打击事故预防要点

物体打击伤害往往表现为飞出或弹出的物体，如工具、工件、零件等对人员造成的伤害。为了预防物体打击事故，可从以下几个方面入手。

①牢固树立不伤害他人和自我保护的安全意识。

②高处作业时，禁止乱扔物料，清理楼内的物料应设溜槽或使用垃圾桶。手持工具和零星物料应随手放在工具袋内，安装更换玻璃要有防止玻璃坠落措施，严禁乱扔碎玻璃。

③吊运大件要使用有防止脱钩装置的吊钩和卡环，吊运小件要使用

吊笼或吊斗，吊运管件要绑牢。

④高处作业时，对斜道、过桥、跳板要明确专人负责维修、清理，不得存放杂物。

⑤严禁操作带病设备。

⑥排除设备故障或清理卡料前，必须停机。

⑦放炮作业前，人员要隐蔽在安全可靠处，无关人员严禁进入作业区。

（4）起重伤害事故预防要点

预防起重机伤害事故，要做到以下几点。

①起重作业人员须经有资格的培训单位培训并考试合格，才能持证上岗。

②起重作业人员在操作前应检查起重机械的安全装置，如起重量限制器、行程限制器、过卷扬限制器、电气防护性接零装置、端部止挡、缓冲器、联锁装置、夹轨钳、信号装置等是否齐全可靠，否则不准进行操作。

③平时应严格检验和修理起重机机件，如钢丝绳、链条、吊钩、吊环和滚筒等，发现报废的应立即更换。

④建立健全维护保养、定期检验、交接班制度和安全操作规程。

⑤起重机运行时，任何人不准上下；也不能在运行中检修；上下吊车要走专用梯子。

⑥起重机的悬臂能够伸到的区域不得站人；电磁起重机的工作范围内不得有人。

⑦吊运物品时，吊物不得从人头上过；吊物上不准站人；不能对吊挂着的东西进行加工。

⑧起吊的东西不能在空中长时间停留，特殊情况下应采取安全保护措施。

⑨起重机驾驶人员接班时，应对制动器、吊钩、钢丝绳和安全装置

进行检查，发现性能不正常时，应在操作前将故障排除。

⑩开车前必须先打铃或报警，操作中接近人时，也应给予持续铃声或报警。按指挥信号操作，对紧急停车信号，不论任何人发出，都应立即执行。

⑪确认起重机和四周无人时，才能闭合主电源进行操作。

⑫工作中突然断电时，应将所有控制器手柄扳回零位；重新工作前，应检查起重机是否工作正常。

⑬在轨道上露天作业的起重机，当工作结束时，应将起重机锚定住；当风力大于6级时，一般应停止工作，并将起重机锚定住；对于门座起重机等在沿海工作的起重机，当风力大于7级时，应停止工作，并将起重机锚定住。

⑭当司机维护保养时，应切断主电源，并挂上标志牌或加锁。如有未消除的故障，应通知接班的司机。

（5）车辆运输伤害事故预防措施要点

①车辆驾驶人员必须经有资格的培训单位培训并考试合格后，方可持证上岗。

②人员通过路口时，必须做到"一慢二看三通过"，一定要先瞭望，在没有危险时才能通过。

③不可在铁路专用线上行走，更不可推车行走，严禁从列车下面通过。

④定期检查车辆的各种机构零件是否符合技术规范和安全要求，严禁带故障运行。

⑤汽车的行驶速度在出入厂区大门时，时速不得超过5千米；在厂区道路上行驶，时速不得超过20千米。

⑥装卸货物时不得超载、超高。

⑦装载货物的车辆，随车人员应坐在指定的安全地点，不得站在车门踏板上，也不得坐在车厢侧板上或驾驶室顶上。

⑧电瓶车在进入厂房内装载易燃易爆、有毒有害物品时严禁乘人。

⑨铲车在行驶时，无论是空载还是重载，其车铲距地面不得小于300毫米，但也不得高于500毫米。

⑩严禁任何人站在车铲或车铲的货物上随车行驶，也不得站在铲车车门上随车行驶。

⑪严禁驾驶员酒后驾车、疲劳驾车、非驾驶员驾车、争道抢行等违章行为。

⑫在厂区内骑自行车时，严禁带人、双撒把或速度过快，更不得与机动车辆抢道争快；在厂房内严禁骑自行车。

（6）高处坠落事故预防要点

高处坠落事故是指在高处作业时发生坠落造成的伤亡事故。高处作业指在坠落基准面2米以上的高处进行的作业。预防高处坠落事故要注意以下几点。

①熟悉高处的作业方法，掌握技术知识，执行安全操作规程。作业时要指定专人进行现场监护。

②禁止患有高血压、心脏病、癫痫病等禁忌病症的人员和孕妇从事高处作业。

③高处作业时要系好安全带，戴好安全帽，不准穿硬底鞋，以防滑倒导致坠落事故。

④作业前要检查护栏、架板是否牢固，有洞口的地方要盖好，在较危险的部位应在下方装设平网。

⑤做好楼梯口、电梯口、预留洞口和出入口的"四口"防护。

⑥在建筑施工中做好"五临边"的防护工作，"五临边"是指尚未安装栏杆的阳台周边，无外架防护的屋面周边，框架工程楼层周边，上下跑道、斜道、两侧边，卸料平台的外侧边等。

⑦在恶劣天气中（指6级以上强风、大雨、大雪、大雾等），禁止

从事露天高处作业。

（7）火灾事故预防要点

防火工作是企业安全生产的一项重要内容，一旦发生火灾事故，往往会造成巨大的财产损失或人员伤亡。预防发生火灾事故应从以下几个方面入手。

①不得随便进入易燃易爆场所，如油库、气瓶站、煤气站和锅炉房等工厂要害部位。

②在火灾爆炸危险较大的厂房内，应尽量避免明火及焊割作业，最好将检修的设备或管段拆卸到安全地点检修。如必须在原地检修时，应按照动火的有关规定进行，必要时还需请消防队进行现场监护。

③在积存有可燃气体或蒸汽的管沟、下水道、深坑、死角等处附近动火时，必须经处理和检验，确认无火灾危险时，方可按规定动火。

④进行道生炉、熬炼设备的操作，要坚守岗位，防止烟道窜火和熬锅破漏。同时熬炼设备必须设置在安全地点作业并有专人值守。

⑤火灾爆炸危险场所应禁止使用明火烘烤结冰管道设备，宜采用蒸汽、热水等化冰解堵。

⑥对于混合接触能发生反应而导致自燃的物质，严禁混存混运；对于吸水易引起自燃或自然发热的物质应保持贮存环境干燥；对于容易在空气中剧烈氧化放热自燃的物质，应密闭储存或浸在相适应的中性液体（如水、煤油等）中储放，避免与空气接触。

⑦进入易燃易爆场所进行操作的人员必须穿戴防静电服装鞋帽，严禁穿钉子鞋、化纤衣物进入，操作中严防铁器撞击地面。

⑧在存放可燃物时必须与高温器具、设备的表面保持足够的防火间距，不宜在高温表面附近堆放可燃物。

⑨处置熔渣、炉渣等高热物时应防止落入可燃物中。

⑩应掌握各种灭火器材的使用方法。不能用水扑灭碱金属、金属碳化物、氢化物火灾，因为这些物质遇水后会发生剧烈化学反应，并产生

大量可燃气体、释放大量的热，使火灾进一步扩大。

⑪不能用水扑灭电气火灾，因为水可以导电，容易发生触电事故；也不能用水扑灭比水轻的油类火灾，因为油浮在水面上，反而容易使火势蔓延。

⑫钢铁水泄漏发生火灾，不可用水扑灭，因为高温金属液遇水会发生爆炸。

（8）爆炸事故预防要点

爆炸事故发生的时间往往很短，使得在发生爆炸前几乎没有逃离和疏散的机会，因而容易造成较严重的伤亡事故。因此对容易发生爆炸事故的场所进行重点监控并采取预防措施是预防爆炸事故的重要手段。

①当发现空气中的可燃气体、蒸汽或粉尘浓度达到危险值时，就应采取适当的安全防护措施。

②在有火灾、爆炸危险的车间内，应尽量避免焊接作业，进行焊接作业的地点必须要和易燃易爆的生产设备保持一定的安全距离。

③如需对生产、盛装易燃物料的设备和管道进行动火作业时，应严格执行隔绝、置换、清洗、动火分析等有关规定，确保动火作业的安全。

④在有火灾、爆炸危险的场合，汽车、拖拉机的排气管上要安火星熄灭器。

⑤搬运盛有可燃气体或易燃液体的容器、气瓶时要轻拿轻放，严禁抛掷，防止相互撞击。

⑥进入易燃易爆车间应穿防静电的工作服，不准穿带钉子的鞋。

⑦对于物质本身具有自燃能力的油脂、遇空气能自燃的物质以及遇水能燃烧爆炸的物质，应采取隔绝空气、防水、防潮或采取通风、散热、降温等措施，以防止物质自燃和爆炸。

⑧不能混合存放相互接触会引起爆炸的物质应分开存放，遇酸、碱有可能发生分解爆炸的物质应避免与酸碱接触，对机械作用较为敏感的物质要轻拿轻放。

⑨防止生产过程中易燃易爆物的跑、冒、滴、漏，以防扩散到空间而引起火灾爆炸事故。

⑩锅炉操作人员必须经过有资格的培训单位培训并考试合格，取得操作证以后方可进行操作。

⑪锅炉、压力容器在使用前应检查安全阀、压力表、液位计等安全装置是否完好，否则不准使用；严禁超温超压运行。

⑫废旧金属在进入冶炼炉以前必须经过检查，清除里面可能混进的爆炸物。

⑬经常保持金属冶炼、浇注场地干燥，不能有积水，以防高温金属液泄漏遇水发生爆炸。

（9）坍塌事故预防要点

坍塌事故是指物体在外力和重力的作用下，超过自身的极限强度的破坏成因，而结构稳定失衡塌落，从而造成物体从高处坠落、物体打击、挤压伤害及窒息等事故。这类事故因塌落物自重大、作用范围大，往往伤害人员多、后果严重，常造成重大或特大人身伤亡事故。

①挖土方时，发现边坡附近土体出现裂纹、掉土及塌方险情时，应立即停止作业，下方人员要迅速撤离危险地段，查明原因后，再决定是否继续作业。

②加强对脚手架的日常检查维护，重点检查架体基础变化、各种支撑及结构联结的受力情况。

③当脚手架的前部基础沉陷或施工需要掏空时，应根据具体情况采取加固措施。

④当隐患危及架体稳定时，应立即停止使用，并制定针对性措施，限期加固处理。

⑤在支搭与拆除作业过程中要严格按规定和工作顺序进行。

（10）冒顶事故预防要点

冒顶事故是井下矿山生产中发生的顶板冒落的事故，是威胁矿工人身安全的灾害之一。据统计，在全国矿山每年因工死亡人数中，有40%死于冒顶片帮事故，因此，加强对冒顶事故的预防具有十分重要的意义。

①识别冒顶事故的征兆，并采取相应的防范措施，是预防冒顶事故的重要方法。

回采工作面冒顶前的征兆

▲顶板连续发出断裂声，采空区内顶板发出闷雷声。

▲顶板掉渣增多，裂缝增加，裂缝口变大。顶板下沉量明显增大。

▲电钻打眼变得省力，这是因为冒顶前顶板压力增加，煤壁受压，片帮增多，煤壁被压疏，因而导致机械设备工作时负荷减小。

▲工作面的木支架发生折断，可听到折断的声音，如底板岩性松软或分层开采支柱在煤层上，则支柱的下缩量增加。

▲瓦斯涌出量或淋水量增加。

局部冒顶前的征兆

▲顶板岩石已有裂缝和缺口，其中小矸石稍受震动就掉落或有掉渣现象。

▲支架受力大，发出声响，金属支架活柱下降。

▲支架棚在支柱上错偏，棚梁上有声响，煤壁大片脱落片帮。

②对回采工作面的冒顶事故应重点预防。

▲应根据顶板岩石性质及岩石移动规律，选择正确的支架形式。

▲当矿层倾角不大，顶板破碎而且压力较大时，宜采用横板棚子。当煤层倾角较大时，宜采用顺板棚子。

▲回采工作面必须平整，不得留有伞檐和松动煤块。

▲工作面和支架以及溜子都要尽量保持直线，而且必须及时支架。

▲在打眼、放炮、割煤、移溜子等作业中碰到活动、损坏的支架必须及时修复，移溜子头时拆除支架的地点，必须及时加设临时点柱。

▲支架要架设牢固，禁止在浮煤上架设。

事故是可以预防的，只要员工小心谨慎，不放过任何一个隐患，不进行一次违章操作，把安全时时放在心上，掌握事故预防的要点，一定可以把事故消灭在发生之前，保护生命的安全。

第四章 树立责任意识：高度的责任心是保障「零事故」的前提

安全在于责任，责任保证安全。没有高度的责任心做保障，没有对企业、对岗位和对工作高度负责的精神，没有把责任贯彻到每一个工作行为之中的意识，安全「零事故」不过是一句空话。

⚡ 1. 安全就是责任，负责才能安全

安全靠什么？安全靠责任。责任是一种担当，一种约束，一种动力。负责是每个人应有的品质。在日常的生活工作中，在上班的每时每分里，安全隐患随时都像凶残的野兽张着血盆大口，盯着我们脆弱的肉体以及麻痹的神经。只有把安全责任落实到每一个行为中，踏踏实实做人做事，强化安全意识，增强责任心，勇敢挑起安全的重担，安全才不受威胁，安全才有保障。

在把企业看成获取利润工具的工业化初期，一些国家事故频发，企业充满了血腥。有个叫科斯的美国人，在20世纪30年代提出，要反思企业的本质不应只有利润还应有安全。随后的几十年，人们对企业本质的认识逐步深化。同时，随着对企业本质认识的增强以及科技的进步，欧美各国工业事故发生率逐年下降，比如最容易发生事故和伤亡的矿山，已经变成了安全度极高的行业，在一些国家长期保持零死亡的纪录。

是什么影响到这些国家对企业的认识呢？是责任。安全是企业最基本的责任。没有安全，企业怎么可能生存和发展；没有安全，企业怎么保证质量和效益；没有安全，企业怎么承担社会责任？

责任就是安全的保险阀，强烈的责任心能保证生产安全、产品安全、服务安全。没有责任意识，一切原则、制度只能成为摆设，所有基础工作只会流于形式，任何细小的安全隐患都有随时"发威"的机会。

很多年前，格温是一名火车调度员。一个冬天的晚上，一场暴风雪不期而至，火车晚点了。而太大的风掀掉了火车发动机的汽缸盖子，火车不得不临时停下来检修。

危险的是，另外一辆列车几分钟后要从这一条铁轨上经过。列车长紧急命令他尽快拿着红灯赶到路口的警示杆处去通知下一列火车的司机早些刹车。

格温嘴上答应着，心里却并没有着急，他觉得路口本来就有值班的人，他们肯定会发信号的，自己不用着急。于是他先到自己的住处取了件外套，才赶去路口。

格温走到路口前才发现路口的信号处根本没有人，也没有人打出警示灯，他这才心里着急了，加速向前跑去，他想尽快把红灯挂到警示杆上去。

但是一切都晚了。那列列车呼啸着撞上了停在这里的火车，巨大的声响让格温愣在了当地。乘客的哭喊声和列车的嗞嗞声在他的身边响着，格温却像什么也没听见一样，成了一个木头人。

后来，当人们去找格温时，他已经消失了。第二天，人们在一个谷仓里发现了他。此时，他已经疯了，歇斯底里地叫："都是我没有负责的错……"

负起责任才能保证安全，放弃责任等于放弃安全，格温的经历很好地说明了这一点。我们每天看到人们都有条不紊、按部就班地上班，秩序井然、一片祥和，而这一切都建立在每一个人都坚守自己的责任的基础上。一旦有人缺乏责任心，必然会导致事故发生，就像格温一样。工作意味着责任，安全需要责任，责任至高无上。因为责任关系到安危，关系到成败，关系到存亡，关系到生死。

⚠ 2. 安全责任比泰山还重

安全，是个老生常谈的话题。有些人就表现出一副厌烦的样子，埋怨说："天天讲安全，回回讲安全，讲来讲去就是安全意识、安全规程，听都听烦了，谁人不知，谁人不晓，真是浪费时间。"的确，我们可以从大部分的企事业单位看到"安全生产，人人有责""安全责任重于泰山"这样异常醒目的安全生产标语。但并不是说挂了标语，天天在说，天天在讲，就真的把安全工作做实了，就可以高枕无忧了，就不会发生安全事故了，就负起了安全的责任。安全责任可不是简简单单几条标语就可以解决的，安全责任比泰山还重。一旦责任心缺乏，势必会影响安全，甚至带来严重的后果。

有一年北方某小城镇突发两百年不遇的强降雨。短短40分钟内，降雨量达150～200毫米。暴雨造成镇里的一条河河水暴涨出槽，并引发强劲泥石流。当日14时15分，洪水到达下游的小镇。当时，镇中心小学从1年级到6年级的学生正在上课。学校老师立刻组织撤离，但为时已晚。一个多小时后，大水慢慢退去，然而众多孩子的生命已被洪水吞噬。事故共造成100多名学生死亡。

事后有专家表示，天灾无法抗拒，人祸却可以避免。如果一开始就把责任放在心上，这种事故还是可以避免的。

资料显示，这个小镇地处低洼地区，学校又建在镇里的偏低处，河水猛涨出槽，校园势必首当其冲。可是当初修建学校的时候，竟然没有人注意到这一重大安全隐患。此外，洪灾导致的泥石流或许无法预知，但我们的气象监测不可能略过这次强降雨。如果有关部门的工作做得细致一点，损失就不会如此之大。在抗洪的紧要关头，位于河上游的一个村的村主任、村支书曾经给该镇政府派出所打电话报警，却无人接听……

　　责任心是保护生命的前提。如果人人都拿出十分的责任心，这场灾难或许就会避免，至少不会造成100多名小学生死亡的惨剧。

　　职务的本质是责任，岗位的本质也是责任。有职务和岗位就有责任和使命，不能尽职尽责者，就叫失职失责。不少事故、灾祸、悲剧的产生，并非天灾，而是人祸。人祸往往是因人的责任感的丧失而引发的。

　　由此可见，安全责任承载着人民生命的安危，承载着生命的重量。没有安全，青春、幸福、生命都将随风而逝……

　　没有无法保障的安全，只有不负责任的人。每一个员工都必须引起高度的重视，把自己的责任扛在肩上，扎扎实实做好安全防范工作，负起自己应负的责任。

⚠ 3. 没有高度的责任心，就实现不了"零事故"

　　任何时候，任何地方，或是任何环境下，责任永远是做好工作的首要因素，防范事故、保障安全更是如此。

几年前一座通车仅10个月的大桥发生断裂事故，4辆货车坠落桥下，造成3人死亡，5人受伤。这座耗资高达18亿元的大桥，居然承受不了4辆货车的重量，这不得不使人们质疑。当地的解释是："三环路高架桥洪湖路上桥匝道处，4辆满载石料和饲料的重型货车同时行驶在匝桥外侧，造成连续钢混叠合梁侧滑，4辆重载货车侧翻。"

但是，当记者试图查询断裂桥梁部分的施工单位信息时，却被告知大桥施工指挥部已经解散，所以无法查询到是哪家单位负责的这段事故桥梁。一项耗资18亿多元、后续招商引资达数百亿元的大项目，竟然找不到施工单位！

这座大桥原计划3年工期，实际仅用18个月就全面完成。但建得快，塌得更快，大桥通车仅10个月，就发生如此惨祸，除了认为层层把关不严，从监管部门到施工单位都未担起应有的责任外，真的没有其他更好的解释了。

任何时候，都要以责任为重、以责任为先，把责任放在心上、握在手上，时时刻刻对自己的行为负责，对自己的岗位负责，对自己的工作负责，对安全负责，事故才可以避免，安全才可以保障。在安全生产中，人的责任心与行为，决定着设备使用的安全和效率，人的安全责任感差，行为不规范，再好的环境和条件，也难以从根本上保证安全。相反，如果人的安全责任感强，行为规范，再危险的环境和条件，也很少发生事故。

责任至高无上。如果没有责任，安全就只是一句空话，"零事故"也不可能实现。就像这惨痛的大桥事故一样，不可避免。其实很多时候

我们并不缺少法律和制度，也不缺少坚固的材料和精密的设计，我们缺少的，不过就是一份责任心和对安全负责的精神。

员工的安全责任心，就是企业的竞

争力。员工的责任心越强，企业的损耗就越低，效益就越高。反之，如果员工的责任心缺失，再强大的企业也会倒闭。责任心就是在日常工作中注重细节，上班时对每一颗螺丝的核实，下班时随手的关灯动作。如果连这些异常简单的工作都无法落实到位，那还谈什么"零事故"？

一个具有责任心的人，就是工作的"保险丝"，让所有问题到他为止。高度的责任心不是一时一刻负责任，而是时时刻刻负责任。做事之前要想到后果；做事过程中尽量让事情向好的方向发展，防止坏的结果出现；出了问题敢于承担责任，事前、事中、事后，责任心贯穿始终，才是安全的员工。

我们常常说"责任胜于能力"，这不是对能力的否定，而是对责任的肯定。一个有能力却缺乏责任心的人，对企业来讲就像定时炸弹，总有一天会酿成大祸。只有每一个员工都具有高度的责任心，才可以筑起安全的大堤，把事故远远地挡在堤外。

4. 把责任贯彻到每一个工作行为之中

岗位连着安全，安全系着岗位，二者不可分离。在其岗，就要负其责，把安全责任贯彻到位，一点也不放松。要不然，事故就永远无法避免。

第二次世界大战中期，美国生产的降落伞安全性能不够，虽然在厂商的努力下，合格率已经提升到99.9%，但还差一点点。军方要求产品的合格率必须达到100%。可是厂商不以为然，他们强调任何产品都不可能达到 100% 的合格，除非出现奇迹。但是，降落伞 99.9% 的合格率就意味着每一千个人跳伞，就有一个人会送命。后来，军方改变了检查质量的方法，决定从厂商前一周交货的降落伞中随机挑出一个，由厂商负责人背着这个降落伞，亲自从飞机上跳下去。

这个方法实施后，奇迹出现了，不合格率立刻变成了零！

这个故事启示我们，安全和不安全在于人为。如果不让厂商责任人转换角色，就很难出现不合格率为零的奇迹。因为每一把降落伞都关系到厂商负责人自己的命运。所以，厂商把每一把降落伞都当成自己的生命一样重要去生产，去检测质量的好坏，去严把技术的源头。于是任何困难都可以克服，任何奇迹都可以创造。

安全工作中有一句警语："没有保证不了的安全，只有不负责任的人！"这句话在这个故事中得到了最充分的体现。

但是安全责任绝不是孤立的，事故责任更不是某一个人就负得起的。就算退一万步说，真的由某个责任人承担了责任，甚至判他坐牢，又能怎么样呢？事故的损失终究是损失了，伤亡也终究是伤亡了，还能怎么样？所以，安全的关键，不是"出了问题我负责"，而是"出问题前我负责"。

何宗伟是济源车务段阳城车站一名普通的助理值班员。这天凌晨，88874 次货物列车牵引着 4069 吨货物从太行山呼啸而来。一辆快速运动的重车划破了深夜的寂静，列车带起的风裹着太行山谷深夜的寒气和铁路沿线的煤灰，直往何宗伟的脖子里钻。

何宗伟像往常一样，一边眯着眼挡着列车带起的煤灰，一边仔细观察和认真倾听车辆的运行状态。"咔嚓……咔嚓……吱……吱"不规则的异声让何宗伟警觉起来。突然，一个飞转的"火轮"从何宗伟眼前闪过。

"不好，车辆有故障！"何宗伟拿起对讲机就对值班员紧急呼叫："停车，停车……"

随着一阵刺耳的紧急制动声，88874次货物列车停了下来。经检查，该列车第17列车厢的前台车中心盘脱出，摇枕严重歪斜，旁承错位，车轮发热，轮缘被严重划伤……何宗伟用高度的责任心防止了一起随时都有可能发生的重载货物列车颠覆事故。

何宗伟得到了郑州局和济源车务段联合给予的1万元安全奖励。在随后的7个多月时间里，"学习何宗伟，安全立新功"成为郑州局开展安全主题教育活动的重要内容，"何宗伟现象"在郑州局悄然形成。当年年底，郑州局党委根据"何宗伟现象"编辑出版了《责任的力量》一书，并在济源车务段举办了隆重的首发仪式。

"当一个人的良好安全行为变成一种现象时，铁路安全生产就有了坚实的基础。"郑州局党委领导对"何宗伟现象"有着更深的理解。无论刮风下雨还是酷暑炎热，只要是接发列车，何宗伟都会习惯性地做到：上看装载加固，下看车辆走行，中看车门扒乘，后看尾部标志，真真正正把安全贯彻到了工作的每一分每一秒中。这样的责任心，这样的工作态度，事故当然会被轻松避开。

每一个员工都像何宗伟一样，把责任贯彻到每一个工作行为之中去，时刻保持安全警觉，担起安全责任，把事故消灭在发生之前，就能实现"零事故"的目标。

每个生产经营单位都是一个复杂的系统，它由许许多多的单元组成，每个单元就是一个工作岗位。如果每个工作岗位都安全了，那么整个生产经营单位也就安全了。

某煤矿瓦斯检查工老刘，既没有传奇的经历，也没有惊人的壮举，可他却像一块燃烧的煤，把自己的光和热无私地奉献给通防工作，奉献给矿山。他从干瓦斯检查工作的第一天起，始终发挥好安全哨兵的作用，靠诚心把好职工的思想认识关，靠铁心把好各项制度的监督落实关，靠责任心把好岗位工作的安全关。

在瓦斯检查员中，大多数对自己所检查区域的"一通三防"都能做到心中有数，但对现场遇到的有些技术问题就束手无策了，而老刘却总在探索瓦斯出现异常情况的处理。有一次，煤矿一个工作面因通风阻力大，工作面上下出口安全通风成为主要问题，并且容易引起上隅角瓦斯积聚，老刘和技术人员一起积极解决通风阻力问题，通过多次探索发现，在采后段另外设置两组风障，并随时检查通风情况，从而保证了机巷通风问题，确保了安全生产。

员工是企业责任承担的主体，有着强烈责任心的员工，是岗位责任制落到实处的保证。当一名司机手握方向盘的那一刻，就将全车人的生命安全责任担在了肩上，拥有强烈责任感的人，就会将安全这根弦绷得紧紧的，不敢有丝毫的懈怠。

每个人都有自己的工作岗位，每个工作岗位都含着一份责任。世界上最愚蠢的事情就是推卸自己眼前的责任，很多员工工作做不好不是因为能力不行，而是怕做不好，要承担责任。人人担起岗位责任，安全还有什么担忧的呢？

当前我国重大安全事故多为责任事故，是违章作业造成的，是"人祸"。天灾不可逆，人祸应能防。当我们把目光投向那一个个因事故而被摧毁的家庭的时候，酸涩在眼，刺痛在心，这使我们不得不反思责任是多么重要。如果每个人都能承担起自己应当承担的责任，提高自己的安全意识，哪里会有那么多惨剧发生。

媒体曾报道，大连市公交车联营公司702路公交车司机黄志全在行车途中突发心脏病。在生命的最后一分钟，他做了三件事。

第一，把车缓缓地停在路边，并拉下了手动刹车闸。

第二，用尽全身力气把车门打开，让乘客可以安全下车。

第三，将发动机熄火，确保车和乘客的安全。

他极其艰难地做完这三件事后，才趴在方向盘上停止了呼吸。

当时车上的乘客们以为客车发生故障，于是纷纷下车走了。5分钟后，从后面驶来的另一位司机看到这一异常情况，马上停车查看。"黄师傅当时趴在方向盘上，已经不省人事了，他的右手却还紧紧地攥着手动刹车闸！"原来黄志全在行车途中突发心脏病，当时已经不能说话，但是他以顽强的毅力将发动机熄火，并且拉上手动刹车闸，从而避免了一起车毁人亡的惨剧发生。

黄志全只是一名普通的公交车司机，却用生命告诉我们：一个人应该怎样承担岗位所赋予的安全责任。安全是我们每一个人的责任！不要认为只有领导者才有责任，也不要认为只有当事人才有责任，每个人都有属于自己的责任，你的岗位就是你的责任。要确保岗位安全，就必须担起岗位责任。

5. 在岗一分钟，就要安全六十秒

在这个世界上，没有不需要完成任务的工作，也没有不需要承担责任的岗位。"如果你是一滴水，你是否滋润了一寸土地；如果你是一线阳光，你是否照亮了一分黑暗；如果你是一颗螺丝钉，你是否永远坚守你的岗位。"这是雷锋日记里的一段话，它告诉我们无论在什么样的岗位，都要发挥最大的潜能，做出最大的贡献！最好的方法就是爱岗敬业，勤劳奉献，在岗一分钟，负责六十秒，这是每一个员工都应当时刻牢记的岗位座右铭。

人民铁道网报道过郑州客车车辆段新乡运用车间安全员杨光的事迹，犹如石击潭水，在职工中产生了阵阵涟漪。

"有人问我，为什么能够在短短10天的时间里连续发现11起转型架裂纹故障，这里面有什么诀窍吗？我想和大家说，防止事故有诀窍，那就是'用心负责'。"这是杨光最想对工友说的知心话。

有一天杨光在对L1231次列车进行入库质量检查时，发现34722号车辆转向架有一道70毫米的裂纹。10天前，他在检查L238次列车时，也发现了一起转向架裂纹故障。

"这次发现的裂纹会不会在其他同类型的车上出现呢？这顿时让我感到了问题的严重性。我不敢有丝毫怠慢，迅速通过车间KMIS系统，调出了136辆同类型车辆，逐一排查。几天后，在排查的车号里，我又找到了一处裂纹，和最初发现的一模一样。我感到既兴奋又紧张，兴奋的是终于找到了规律，缩小了检查范围；紧张的是一定还有没被发现安全隐患的车辆在线路上运行……"杨光说着脸上露出紧张的神情。

后来，经过10天的努力，杨光又在其他7辆车底上发现了9起相同的裂纹隐患。"作为安全员，我对这个隐患反应异常强烈。我想，这个隐患不是偶然的，我们段其他两个客运站也有同类型的车辆。我第一时间就打电话过去，向他们通报裂纹情况，告诉他们故障的部位和检查方法……"杨光说。在杨光的建议下，郑州客车车辆段对全段相同型号的客车进行了普查，先后发现了数起同类安全隐患。

每个人，无论从事什么样的职位、做什么事情，都有与之相对应的责任，任何对于岗位责任的推脱、不满或抱怨，带给企业或组织的只能是破坏。所以，每一个员工都要勇于承担自己的岗位安全责任，不逃避不退缩。不仅要保证自己的人身安全，还要保证设备、装置、产品的安全，保证工友的安全，一丝一毫也不放松。

第五章 增强反「三违」意识：违章违纪是事故的源头

引发事故的原因很多，但最大的源头是员工的违章违纪行为。违章不反，事故不绝，只要有违章违纪存在，就实现不了「零事故」。员工要增强反违章意识，杜绝违章违纪行为，养成遵章守纪的好习惯，才有岗位工作的真安全。

1. "三违"不反,事故不绝

所谓"三违",是"违章指挥,违章作业,违反劳动纪律"的简称,也是企业员工在生产过程中不按章程办事的违章行为的统称。

违章指挥,主要指生产经营单位的生产经营者违反安全生产方针、政策、法律、条例、规程、制度和有关规定指挥生产的行为。违章指挥具体包括:不遵守安全生产规程、制度和安全技术措施或擅自变更安全工艺和操作程序,指挥者未经培训上岗,使用未经安全培训的劳动者或无专门资质认证的人员;指挥工人在安全防护设施或设备有缺陷、隐患未解决的条件下冒险作业;发现违章不制止等。

违章作业,主要指现场操作工人违反劳动生产岗位的安全规章和制度,如安全生产责任制、安全操作规程、工人安全守则、安全用电规程、交接班制度以及安全生产通知、决定等作业行为。违章作业具体包括:不遵守施工现场的安全制度;进入施工现场不戴安全帽,高处作业不系安全带和不正确使用个人防护用品;擅自动用机械、电气设备或拆改挪用设施、设备;随意爬脚手架和高空支架等。

违反劳动纪律,主要指工人违反生产经营单位的劳动规则和劳动秩序,即违反单位为形成和维持生产经营秩序、保证劳动合同得以履行,以及与劳动、工作紧密相关的其他过程中必须共同遵守的规则。违反劳动纪律具体包括:不履行劳动合同及违约承担的责任,不遵守考勤与休假纪律、生产与工作纪律、奖惩制度、其他纪律等。

"三违"是人的不安全行为所导致的各类事故的罪魁祸首，据统计，安全事故中有 90% 以上都是因为"三违"而导致的。

某煤矿中采六井当班人员执行施工探巷、正常进尺的生产任务。在打完第二遍炮眼，放完炮后，局部通风机停风，开始出煤，快出完时，一名工人违反劳动纪律在井下点火吸烟引起瓦斯爆炸，造成 5 人死亡，2 人受伤。

事后经事故调查组查明：矿井管理混乱，没有正规的机械通风系统，井下局部通风机随意关停，没有配备专职瓦检员，以致瓦斯管理失控；矿井以包代管，忽视安全管理，未执行入井检身制度，使工人经常带烟、带火入井；招收工人未经培训就上岗作业，导致工人安全素质低，防护意识差。这是典型的"三违"事故。

某煤矿的工人在工作面机尾处移动运输机、移架子和维护顶板时，发生煤尘爆炸，共死亡 17 人、重伤 7 人、轻伤 27 人。

事后经事故调查组查明：放炮员违章放糊炮崩大矸石而引起煤尘爆炸；而放糊炮时跟班的区长、安监员都在现场，却未予制止；炸药管理混乱，领退炸药的制度不落实，一连串的违章违纪正是造成这次事故的重要原因。

像这样因为"三违"而导致死伤的事故实在数不胜数，因为"三违"而受伤害甚至失去宝贵生命的现象也屡见不鲜。反"三违"就是反违章防事故的重头戏。只有杜绝了"三违"，才能全面防范事故。

某项目部在放电缆时一名工人认为电缆桥架只有 2 米多高，掉下来也没事不用系安全带。结果在放电缆过程中由于电缆惯性，将该名工人连人带电缆一同甩下来，造成该名工人左小腿骨折。很多工人在工作上存在侥幸心理，他们认为"违章不一定出事，出事不一定伤人，伤人不一定伤我",粗心大意,未能遵循安全操作的细节,未采取安全保护措施,最终导致身体受伤。

违章不一定出事故,出事故必是违章。绝大多数的事故都离不开"三违"。"三违"正是发生事故的最大诱因,事故也是"三违"导致的直接后果。所以,要防范事故,杜绝事故,就一定要严反"三违",杜绝"三违"。

2. 恪守"三不伤害"原则

安全"零事故"不是某一个人的事,而是大家的事,是所有人的共同目标。因而,每一位员工都要正确认识到安全是"你中有我、我中有你"的命运共同体,是一张"上下关联、环环相扣、复杂而又紧密相连"的网,每一个员工都在网中,只有人人都重视安全,时刻关注安全,把"三不伤害"原则落到实处,"零事故"才能实现。

所谓"三不伤害"原则,就是"不伤害自己,不伤害他人,不被他人伤害",这不仅是我国为减少生产中的人为事故而采取的一种互相监督、互相督促的安全生产原则,也是每一个员工在工作中应当秉持的基本态度。其实也就是"自己的安全自己负责,他人的安全我也有责,企业安全我要尽责",是生命安全的重要保证。"三不伤害"原则具体表现在以下几个方面。

(1)不伤害自己

提高自我保护意识,不能由于自己的疏忽、失误而使自己受到伤害。

它取决于自己的安全意识、安全知识、对工作任务的熟悉程度、岗位安全技能、工作态度、工作方法、精神状态、作业行为等多方面因素。严格按照"三大规程"作业,在任何时候都不能违章作业,并且要严格按要求佩戴劳动

保护用品,在作业中知道如何保护自己,以达到不伤害自己的目的。当然最为关键的是自己要有一个珍爱生命的意识,时时把安全放在心中,握在手上。每一个员工都要做到以下几点。

①保持正确的工作态度及良好的身体心理状态,保护自己的责任主要靠自己。

②掌握自己操作的设备或活动中的危险因素及控制方法,遵守安全规则,使用必要的防护用品,不违章作业。

③任何活动或设备都可能是危险的,确认无伤害威胁后再实施,三思而后行。

④杜绝侥幸、自大、逞能、想当然心理,莫以患小而为之。

⑤积极参加安全教育训练,提高识别和处理危险的能力。

⑥虚心接受他人对自己不安全行为的纠正。

(2) 不伤害他人

自己的行为或后果,不能给他人造成伤害。在多人同时作业时,由于自己不遵守操作规程,对作业现场周围观察不够以及自己操作失误等原因,可能会对现场的人员造成伤害。他人生命与你的一样宝贵,不应该被忽视,保护同事是每一个员工应尽的义务。每一个员工在工作中要时时刻刻绷紧安全这根弦,严格遵守劳动纪律,坚持按章作业,在操作中不要有任何侥幸心理,为周围的工友创造安全的工作环境,保证不伤害他人。具体要做到以下几点。

①每一个员工的活动随时会影响他人安全,尊重他人生命,不制造安全隐患。

②对不熟悉的活动、设备、环境要多听、多看、多问，必要时沟通协商后再做。

③操作设备尤其是启动、维修、清洁、保养时，要确保他人在免受影响的区域。

④自己所知道的、造成的危险要及时告知受影响人员，加以消除或予以标识。

⑤对所接受到的安全规定、标识、指令，认真理解后执行。

⑥管理者对危害行为的默许纵容是对他人最严重的威胁，做大家的安全表率是其职责。

（3）不被他人伤害

每个人都要加强自我防范意识，工作中要避免他人的错误操作或其他隐患对自己造成伤害。人的生命是脆弱的，变化的环境蕴含多种可能失控的风险，自己的生命安全不应该由他人来随意伤害，每一个员工都要树立强烈的自我保护意识。不仅自己不要有"三违"行为，还要及时发现和防止他人有"三违"行为，在作业中，坚决抵制"违章指挥"，坚持不安全不生产，时刻保持警惕，保证自身安全。只要人人做到"三不伤害"，安全就有了保障，生命就不会受到任何威胁。

①提高自我防护意识，保持警惕，及时发现并报告危险。

②经常把自己的安全知识及经验与同事共享，帮助他人提高事故预防技能。

③不忽视已标识的潜在危险，并尽力远离，除非得到充足防护及安全许可。

④纠正他人可能危害自己的不安全行为，不伤害生命比不伤害情面更重要。

⑤冷静处理所遭遇的突发事件，正确应用所学安全技能。

⑥拒绝他人的违章指挥，即使是上级领导所发出的，因为不被伤害是每一个人的权利。

"三不伤害"原则说起来似乎很容易，但要真正做到，就不容易了。这一原则是员工保证自己生命安全的重要途径。只有时刻把"三不伤害"原则放在心中，提高安全意识，养成安全习惯，每一个员工都能在工作中做到"三不伤害"，"零事故"才有了坚实的基础。

3. 杜绝违章违纪，认真自查自纠

"违章作业等于自杀，违章指挥就是杀人"，这样经典的警语足以证实，违章违纪是生命和安全最大的敌人，是伤亡和损失最初的祸根，是幸福和快乐最凶的杀手，也是希望和未来最无情的终结者。要安全就不能有违章，有违章就不会有安全，违章就是安全的天敌，是事故最直接的诱因，要实现"零事故"，就必须全面杜绝违章违纪。

要杜绝违章违纪，员工要养成时刻警惕、高度自觉、自查自纠、全面反违章的习惯，任何时候都做到遵章守纪，安全才有真正的保障。下面就是各行业员工最常见的违章行为，每一个员工都应当经常对照自检自查，自我纠正，从而培养遵章守纪的好习惯，全面保证安全。

（1）采矿行业习惯性违章行为自查对照

①采矿人员违章行为

▲机组割矿石时滚筒前后 5 米范围内有人作业或停留。

▲出现失效支柱不及时更换。

▲用支护锚杆、架棚等吊起重物。

▲不严格执行敲帮问顶制度。

▲用溜子或皮带运物料、设备。

▲贴帮柱、临时柱、戗柱、密集支柱、戗棚支设不及时。

▲有伞檐不处理便工作。

▲支护顶梁背顶不实。

▲机组割煤期间进入机道。

▲采面10米以内平行作业。

▲老空网破未及时补联而继续作业。

▲支柱作业不按规定穿靴。

▲采面及顺槽排水不及时,形成积水影响行人。

▲炮后不及时维护。

▲临时支护不到位而作业。

②采矿掘进人员常见违章行为

▲边打眼边装药。

▲一次装药分次起爆。

▲十联锁加固不牢就放炮。

▲放炮前后未按规定洒水降尘。

▲炮烟未散尽进入迎头。

▲巷道贯通时不按规定加固两侧支护。

▲不检查扒装机是否有防护栅栏便开机扒装。

▲岩巷临时支护不到位还继续施工。

▲打眼、架棚及维修巷道时单人作业。

▲危岩活矸(含二合顶)不及时处理便开始作业。

▲掘进巷道及其迎头排水不及时造成积水。

▲已竣工的巷道未经验收和批准,擅自拆除巷道内的安全设施或设备。

▲综掘机启动前不观察综掘机及其周围人员情况,不按规定发启动信号。

③采矿机电操作人员常见违章行为

▲不按规定停、送电。

▲钢丝绳磨损、断丝超限继续使用。

▲维修电工不带停电牌、不带验电笔。

▲不按规定试验各种保护装置。

▲非维修人员私自调整开关整定值。

▲主提升司机监护不到位。

▲高压操作，不执行一人操作一人监护。

▲各类电工不穿绝缘鞋。

▲不及时填写各类记录。

▲操作不认真造成一般性机电事故。

▲人车不按规定时间检查、维修或无检查维修记录。

▲在机电设备上睡觉或烘烤衣物等其他物品。

▲用铜、铝、铁丝等代替保险丝。

④矿山运输人员常见违章行为

▲在平巷顶车无人监护，用机头顶运物料。

▲电机（瓶）车、人车未停稳人员便上、下车。

▲电机（瓶）车车闸故障还继续开车。

▲斜巷提升超挂车辆，不挂保险绳。

▲提放特殊物料不制定专项安全措施。

▲从上往下抛掷物料。

▲跨越正在运行的皮带、溜子。

▲电机（瓶）车行至弯道或交叉点处不发信号。

▲乘人车不挂防护链。

▲电机（瓶）车司机离开电机车时，不取下手把和刹住车闸。

▲电机（瓶）车超速运行。

▲电机（瓶）车长距离顶车运行。

▲平巷推车在接近拐弯、巷道口、风门口、峒室出口时无人警戒、不发出信号或不减速。

▲推车时蹬坐车滑行，或在两侧推车。

▲平巷司乘人员不吹哨、不检查防护链是否完好就发信号开车。

▲平巷人车超速行驶（>3米/秒）。

⑤采矿通防常见违章行为

▲瓦检员不在现场交接班。

▲仪表未按期校验而继续使用。

▲不按规定间隔时间检查瓦斯。

▲行人或通车打开风门后不及时关闭。

▲风水管、电缆、支架等挤压风筒不及时处理。

▲瓦斯断电仪、报警仪悬挂位置不符合规定。

▲巷道贯通时通风设施安设不及时。

▲瓦斯监测装置报警而不及时撤人。

▲不采用湿式打眼。

▲消防器材配备不符合规定或使用过期消防器材。

▲不按照规范填写瓦检牌板。

▲不按规定携带便携式瓦检仪。

▲放炮未严格执行"一炮三检"。

▲不按规定使用水炮泥。

⑥矿山火工管理常见违章行为

▲剩余炸药、雷管不退回炸药库，擅自处理。

▲引药脚线不扭结或脚线绑在支柱上。

▲利用残眼装药放炮。

▲从成束电雷管中生拉硬拽单个雷管。

▲放炮不坚持执行"三人联锁"。

▲爆破工不坚持"自联自放"。

▲坐在炸药、雷管箱上。

▲在机电设备附近、导电体附近、人员集中地方装配引药。

▲做引药不使用竹签。

▲装药不使用专用木棍。

⑦矿山综合管理常见违章行为

▲岗位工提前离岗。

▲作业人员不持证上岗。

▲入井人员不穿工作服、胶靴或着装不符合规定。

▲入井人员不携带自救器或矿灯，自救器佩戴不规范。

▲井口把罐不认真检身。

▲高空作业不系安全带、不戴安全帽。

▲行人不走人行道。

▲在井下随意脱掉胶靴、矿帽。

▲肩扛长柄工具在架空线巷道行走。

▲在岗时间睡觉、看书看报、乱写乱画或干与工作无关的事情。

▲随意拆卸矿用无线标识卡（矿灯、定位系统）。

▲未进行"三员联合验收确认开工制"便开工。

（2）电力行业习惯性违章行为对照

①送电、配电习惯性违章行为

▲测量接地电阻工作，在解开和恢复接地引线时，不戴绝缘手套，在测量变压器二次电流时，也存在这种情况。

▲树木上剪枝时不系腰绳。

▲变压器停电作业不通知用户降负荷，不停二次刀闸就拉开一次跌落式开关，不验电、不挂接地线。

▲停、送跌落式开关分相操作顺序不正确。

▲同杆并架双回线一回停电作业登杆时不核对线路名称或颜色标识。

▲线路巡视不到位,巡视不仔细。

▲线路停电后,不验电就登杆穿越线路导线。

▲登杆前,不检查杆根。

②变电运行习惯性违章行为

▲交接班时聊天。

▲巡视不正点,不按巡视线路走,检查不仔细。

▲当班时间外出办私事。

▲填写两票不认真,勾抹现象严重。

▲执行操作票不进行四对照(对照设备位置、名称、编号和拉合方向)。

▲在倒闸操作中,不在模拟图板上预演,不标示设备实际状态,不执行复诵制,不执行监护制,"心照不宣""敷衍了事"。

▲不按操作顺序操作。

▲与检修人员办理开工"信任工作票",现场作业范围交代不清,措施不完善(包括围遮栏、警告牌、防误装置、带电范围等)。

▲操作中不戴安全帽,不戴绝缘手套。

▲值班时看与运行无关的书籍。

③变电检修习惯性违章行为

▲工作中图方便,钻越遮栏或私自移动遮栏。

▲检修测试动用交直流电源不与运行人员打招呼。

▲随意动用防火用具。

▲作业现场私自摘掉警告牌和接地线。

④其他方面习惯性违章行为

▲不按规定验电、挂接地线。

▲低压操作不戴线手套,高压操作不戴绝缘手套。

▲恢复送电时或使用砂轮不戴护目眼镜。

▲使用钻床戴线手套。

▲在转动的机械上工作不戴防护帽。

▲在岗职工不按规定安全着装。

▲修理票项目不全，事后填补项目。

▲二次回路作业不穿绝缘鞋。

▲晚上修理值班人员脱岗或单人修理不监护。

▲到现场工具带得不全，影响工作。

▲试验人员穿越运行设备的临时遮栏。

▲试验结线不认真，复查或不复查。

▲使用不合格的起重工具和绝缘工具。

▲无特种作业证的人员从事特种作业。

▲作业项目无安排措施，未进行安全交底便开工。

▲在管沟或容器内动用电焊或使用电动工器具作业时，不穿绝缘鞋或不垫绝缘垫。

▲作业人员随同吊物上下。

⑤农村电网常见习惯性违章行为

▲简单作业应开而不开工作票。

▲高空作业不系腰绳、不戴安全帽、不穿绝缘鞋、不用传递绳。

▲作业不按要求设专职监护人，监护中有脱离行为。

▲安全活动内容不具体，记录不认真，流于形式。

▲电业作业开工前不列队宣读工作票。

（3）施工作业习惯性违章行为对照

①安全管理常见违章行为

▲安全生产责任制、管理制度、安全考核不落实。

▲施工组织设计、专项方案与实际施工情况不符，套用其他工程或投标书、模仿签字、非相关责任人员签字、未经技术负责人审批。

▲无安全技术交底或交底缺乏针对性，流于形式。

▲安全员、特殊作业人员配备不足，上岗证过期或没经过复审。

中华人民共和国
安全生产法

▲不组织验收或验收不认真、走过场。

▲资料填写不真实。

② "三宝"（即安全帽、安全带、安全网）和"四口"（即通道口、楼梯口、预留洞口、电梯井口）防护常见习惯性违章行为

▲不戴安全帽、不按规定戴安全帽。

▲戴用超过使用期限的安全帽。

▲安全网规格、材料不合格。

▲高空作业不系安全带。

▲安全带不遵守高挂低用原则，或随意将绳打结，不将挂钩直接挂于安全绳上。

▲洞口、临边无防护、防护不到位。

③施工用电常见违章行为

▲未按规定采用 TN—S 系统（接零保护系统）。

▲电线乱拉、拖地、破损、浸水，电箱朝天放置被雨淋。

▲接地虚设、不做测试。

▲保护零线未接至用电设备。

▲电器参数设置与设备容量不匹配。

▲漏电断路器失效。

▲一箱多机、一个开关控制多台设备。

④物料提升机常见违章行为

▲进出料口缺少防护门、防护棚。

▲停层装置、限位保护装置失效。

▲吊笼破损，物料跌出。

▲井架连续开口，横杆、斜撑拆去过多。

▲钢丝绳缺油、磨损超标。

⑤外用电梯违章行为

▲进出梯笼口缺少防护门、防护棚。

▲上下限位、梯笼门限位装置失效。

▲安全限速器过期未检验。

▲楼层与操作司机无通信联络装置,无明确联络信号。

▲钢丝绳缺油、磨损超标。

▲电梯各出料口运输平台不平整。

▲乘坐电梯时,不关好安全门和梯笼门便启动。

▲梯笼内乘人或载物时,重量偏压一角,或超载运行。

▲电梯运行中发现故障时惊慌失措,不听从专业人员的安排。

▲作业后,未将梯笼降到底层。

▲在大雨、大雾、6级以上大风以及导轨架、电缆等结冰时,仍使用电梯。

⑥塔式起重机使用时违章行为

▲塔式起重机指挥不规范、不到位。

▲限位保护装置失效。

▲基础螺栓、标准节螺栓松动。

▲吊钩保险失效。

▲钢丝绳缺油、磨损超标。

▲塔身倾斜。

▲附墙杆不水平。

▲超重吊装。

▲塔吊夜间作业未设足够照明设备。

⑦施工机具管理违章行为

▲未设置专门设备管理机构,或未制定机械设备管理制度。

▲不重视对施工机具的管理与日常维护,不定期开展机械设备大检查。

▲作业人员无证上岗。

▲使用没有标明生产厂家、没有产品合格证、没有检测及验收记录的施工机具。

▲使用即将淘汰、报废以及机械防护装置缺陷的施工机具。

▲超负荷使用。

▲机具常常暴露在野外施工现场，受到风吹、日晒、雨淋及粉尘的侵蚀，造成其工作的可靠性和安全性不稳定。

⑧施工消防安全管理违章行为

▲灭火器配备不足，甚至是空的。

▲乙炔、氧气一起堆放，间距小、无隔离措施。

▲非焊工进行电、气焊作业。

▲进行电、气焊作业不办理审批手续。

▲进行电、气焊作业时，未落实有针对性的防火措施，无人进行监护。

▲在地下室、人防工程内使用乙炔、氧气瓶。

▲乙炔发生器（瓶）发生冻结时，用明火烘烤。

▲氧气瓶、乙炔瓶搬运时，不设防碰撞措施，摇晃滚动。

▲焊钳、焊枪使用完，随手放在可燃物及其周围，焊条头随便乱扔。

▲电、气焊与木工、油漆、防水等同时间、同部位，上下交叉作业。

▲大风天气时，仍露天进行焊割工作。

▲焊割未经清洗的可燃气、易燃气、液体及喷漆用过的容器和设备。

▲冬日施工，在作业现场使用炉火取暖。

（4）石化行业习惯性违章行为自查对照

①石化员工共同性习惯性违章行为

▲不佩戴准入证、上岗证、检查证，未穿戴劳保用品，不交出火种，不关闭手机进入集输场站生产区。

▲不情愿接受准入检查或躲避准入检查。

▲不对班组人员进行技术交底就进行操作。

▲未在当班人员引领下直接进入生产场所。

▲清管通球作业时正对球筒盲板。

▲操作时正对阀门丝杆。

▲不通过调度指令，现场直接关井或倒流程。

▲酒后上岗。

▲具备放空条件时使用排污阀进行放空。

▲具备点火条件时放空不点火。

▲放喷提液或长时间放空时不落实人员设置安全警戒。

▲为了完成任务超配额生产。

▲调度指令执行情况不及时反馈。

▲检查灭火器时忘记检查压力。

▲易燃易爆物品混放在同一库房内。

▲材料或物品随意堆放而堵塞消防逃生通道。

▲车辆停放在警戒区域内或堵塞消防逃生通道。

▲发现异常情况时不及时处理或汇报。

▲生产区域内未使用防爆灯具。

▲使用无合格证的产品。

▲生产区域堆放易燃易爆物品。

▲硫化氢超过20毫克/立方米时，进入生产区域巡查未携带便携式硫化氢报警仪。

▲无施工技术方案和应急预案就进行作业。

▲不严格按照审定的方案施工作业（如现场人员与方案中涉及人员不相符，安全防范措施未按方案具体落实等）。

▲方案技术交底不充分，且被交底人员未签字认可。

▲大型作业未按方案要求在施工前进行事故应急预案演练。

▲施工作业过程中未设置明显的安全警示标志及警戒线。

▲施工现场未配备或未按规定摆放足量的消防器材。

▲施工作业过程中未明确现场安全监督人员或由于其他原因在施工现场监督缺位情况下作业。

▲不按规定摆放施工机具、车辆、物资。

▲空气置换时置换速度过快或起端压力超高。

▲施工操作坑的逃生通道不完善。

▲无关人员进入警戒区域。

▲埋地管线绝缘防腐不严格把关，管沟回填敷衍了事。

▲探伤、照片时不设立警戒区。

▲在天然气生产区域作业时未按规定使用防爆灯具。

▲在Ⅲ、Ⅳ、Ⅴ类含硫井站作业时未配备正压式空气呼吸器。

▲试井期间测压后真重仪不泄压。

▲完成工作任务后不填写工作记录，不及时向调度室汇报。

②石化维修班（管工、焊工）常见习惯性违章行为

▲扳手当榔头使用，扳手反打，使用扳手和管钳时不注意开口大小就进行加力。

▲焊条不烘烤，使用过期焊条。

▲无施工技术方案或工业动火报告就进行作业。

▲在天然气生产、集输施工现场吸烟。

▲使用焊条与焊接件材质不符。

▲埋地管件维修焊接后绝缘防腐不严格把关，回填敷衍了事。

▲焊口间隙过大，用焊条或铁丝等填口后焊接。

▲在高含硫井站作业未佩戴正压式空气呼吸器。

▲无操作资格证或证已经过期情况下进行操作。

▲不具备施工资质的施工单位对有严格要求的部位进行焊接。

▲焊机运行时，焊接排气孔正对着设备、管线。

▲易燃易爆物品混装。

▲动火时氧气瓶、乙炔瓶安全距离不足，或瓶在车上就引气施工。

▲氧焊时不戴墨镜、手套等劳保用品。

▲焊接时接地线缠绕在阀门的丝杆上。

▲焊口内壁未打磨干净就进行焊接。

▲停气碰口时身体正对管口，管口无临时封堵措施。

▲拆卸或紧固螺栓时在活动扳手上套加力杠。

▲在整改漏气点需卸压操作时，带压操作。

▲在紧固螺丝时没有对角紧螺丝或法兰两端螺丝扣留得长短不一。

▲新旧管线焊接时未用丙酮清洗，焊接完成后迅速降温。

▲安全阀未按周期调校。

▲螺栓螺丝部分未清洗干净就进行组装。

▲密封面与密封垫光洁度不符合要求就进行安装。

▲紧固法兰时未对称紧固。

▲制作凹凸式法兰密封垫片时，将红纸板直放法兰盘上锤制，容易损伤法兰。

▲除锈不彻底，焊口组对间隙不符合要求，强力组对。

▲设备装置检修施工作业时不戴安全帽。

▲高空作业时，不系安全带。

▲拆下阀架更换阀门盘根。

▲施工作业时正对设备或阀门进行操作。

▲上班时未穿戴劳保服装。

③石化行业电工常见习惯性违章行为

▲用普通线做手持式电动工具连线。

▲用钢丝、铜丝做保险线。

▲隔离开关、跌落保险带负荷操作。

▲用断路开关作负荷开关。

▲无人监护时，单人带电操作或登杆作业。

▲两人以上同杆作业不戴安全帽。

▲强行闭合起跳的电源开关。

▲三相设备有接零（地）要求者，使用两孔插座。

▲未严格执行"三相五线制"。

▲用身体验电。

▲带负荷插（拔）电源插头，拔插头时直接拉导线。

▲下雨天野外作业上电杆或开关零克等。

▲高空作业时不系安全带。

▲开关零克不戴绝缘手套。

▲高压线检修不进行放电就直接进行作业。

④石化行业驾驶员常见习惯性违章行为

▲上班外出干私活。

▲不请假外出。

▲出车前不仔细检查车辆。

▲车辆转弯时未鸣号。

▲车辆转弯不使用转向灯。

▲不按规定进行倒车和掉头。

▲不按规定超车（强行超车、会车或从右侧超车）。

▲不按规定让行。

▲高速公路上长时间占用超车道。

▲不按限速路标标志行驶（超速行驶）。

▲车辆超载。

▲开车时与乘车人吹牛聊天。

▲不按规定保持行车间距。

▲占道行驶。

▲压线行驶。

▲不按规定停放车辆。

▲开带"病"车。

▲开绕道车。

▲疲劳驾车。

▲不系安全带。

▲酒后驾车。

▲开车时接听电话。

▲夜间会车时不使用近光灯。

▲后车发出超车信号时,故意不让。

▲行车时吸烟、饮食等。

▲穿拖鞋驾车。

▲车辆回场后乱停乱放。

▲未按规定进行车辆回场检查。

⑤采输气班组人员常见习惯性违章行为

▲不佩戴上岗证上岗。

▲不按时巡回检查线路或巡检时不佩戴检测仪等防护用品。

▲观看压力时不"三点一线"。

▲拆卸压力表时不用放空阀放空就直接进行拆卸。

▲压力表控制阀操作过快。

▲操作流量计时,用手抬笔尖部分。

▲将没有有效证件的人员放行进入集输场所。

▲对进场车辆不指定停放地点。

▲对外来人员在站内的违法违章行为不及时制止。

▲在整改漏气点时带压操作。

▲开关阀门时正对丝杆。

▲清洗高级孔板阀后未对注脂嘴进行注脂操作。

▲清洗高级孔板阀后未对上腔卸压放空就拆卸盖板。

▲清洗高级孔板阀时，摇柄用完后不及时取下。

▲清洗高级孔板阀时，人体正对拆卸盖板的上方。

▲在紧螺丝时对紧螺丝或法兰两端螺纹扣留得长短不一。

▲使用扳手、管钳时，不注意开口大小进行加力。

▲真重仪操作时，加压杆旋出过长。

▲长时间关井时，不关闭井口生产闸阀。

▲水套炉点火时，人正面对着点火或先开气后点火。

▲生产区域逃生通道未进行标识。

▲排污时猛开猛放地进行操作。

▲不按要求进行交接班。

▲不遵守劳动纪律，上班不在值班室。

▲未穿戴劳保用品上岗（如穿拖鞋、高跟鞋、化纤衣服等上班），携带火种、通信工具进入生产区域、施工场所。

▲无施工技术方案、特种作业无作业票或许可证就进行作业。

▲发现异常情况时不及时处理汇报。

▲使用化学药品时未穿戴相关劳保用品。

▲材料或物品随意堆放而堵塞消防逃生通道。

▲车辆停放在警戒区内或堵塞消防逃生通道。

▲未选择符合设计材质要求的螺栓进行工艺安装。

▲管件丝扣未认真缠绕生料带就进行安装。

▲未考虑密封垫片结构是否符合设计安装要求就进行安装。

▲外来施工作业队伍无准入证件和动火手续就擅自准许其入场作业，或对未按要求落实动火作业的各项安全防范措施，就允许其进行工业动火作业。

▲安全门向内开，并上锁。

▲工艺安装、组装未注意阀门、设备安装的方向性。

▲活动扳手反方向使用，或当成锤子敲打使用。

▲值班人员不明白自己的安全职责，交接班时交接内容不清。

▲执行调度指令不严格。

▲在配合施工作业时，实施安全监督不够严格。

▲应急、值班电话上锁。

▲住房内私拉乱接电线。

▲对外来人员进入生产场所不进行安全提示，不进行情况介绍。

▲井站大门长期开启，人员随意进出。

▲不按周期保养设备。

▲对现场违章操作不及时进行制止。

▲上岗时看杂志、小说、干私活。

▲高空作业（清洗设备、高空修剪树枝）不系安全带。

（5）起重作业习惯性违章行为对照

①起重司索人员常见习惯性违章行为

▲作业前，不穿戴安全帽及其他防护用品。

▲不根据吊重物件的具体情况选择相应的吊具与索具，而是靠经验、靠惯例判断。

▲作业前对吊具与索具不进行检查，便投入使用。

▲起升重物前，不检查连接点是否牢固可靠。

▲不考虑吊具的额定起重量，而是根据吊索（含各分支）不得超过安全工作载荷（含高温、腐蚀等特殊工况）。

▲吊装有棱刃物体不加衬垫（容易损坏吊件、吊具与索具）。

▲未注意保持吊点与吊物重心在同一垂线上（易使吊物处于不稳定平衡状态）。

▲司索或其他人员站在吊物上一同起吊。

▲司索人员停留在吊物下。

▲起吊重物时，司索人员不与重物保持安全距离。

▲不注意清理作业现场，道路情况不明。

▲未听从指挥人员的指挥，发现不安全情况时，手忙脚乱。

▲平时不注意保养吊具、吊索，不能确保使用时安全可靠。

▲在高空作业时，不严格遵守高空作业的安全要求。

▲捆绑重物时留下的绳头，不紧绕在吊钩上或重物上（容易导致吊物移动时挂住沿途人员或物件）。

▲吊运成批零散物件不使用专门的吊盘、吊斗等器具。

▲同时吊运两件以上重物不注意保持平稳，使重物相互碰撞。

▲吊重物就位前，不垫好衬木，不规则物体未加支撑保持平衡。

▲将物件压在电气线路和管道上面或堵塞通道，物件堆放不整齐平稳。

▲卸往运输车辆上的吊物，未确认是否倾倒便松绑、卸物。

▲吊运化学危险物品，不严格遵守《化学危险品安全管理条例》有关规定。

▲工作结束后，所使用的索具、吊具不放置在规定的地点。

▲达到报废标准的吊具、索具不及时更换。

▲非起重工绑系绳扣。

▲吊件到位就贸然摘钩。

▲在吊物摆动范围内剪断障碍致伤。

▲把没有熄灭的烟头扔进吊车驾驶室。

▲修理正在运行的起重机。

▲无关工作人员在吊物下停留或通行。

②起重指挥人员常见习惯性违章行为

▲指挥人员随意指挥，不根据国标要求的标准信号与起重机司机进行联系。

▲指挥人员发出的指挥信号不清晰、不准确。

▲指挥人员站位随意，不站在使司机能看清楚指挥信号的安全位置上，当跟随负载运行指挥时，也不随时指挥负载避开人员和障碍物。

▲指挥人员不能同时看清司机和负载时,不增设中间指挥人员。

▲当发现错传信号时,不立即发出停止信号。

▲负载降落前,指挥人员不及时确认降落区域是否安全便发出降落信号。

▲当多人绑挂同一负载时,起吊前,不先做好呼唤应答以确认绑挂无误便开始指挥。

▲同时用两台起重机吊运同一负载时,指挥人员未能双手分别指挥各台起重机,容易使吊装物不稳发生事故。

▲指挥人员不佩戴鲜明的标志,让司机不能明确辨识。或者指挥人员不选用易于辨认手心和手背的手套。

▲脚蹬吊物指挥起吊。

▲非指挥人员进行指挥。

▲指挥斜拉吊物。

③起重"十不吊"

▲超过额定负荷不吊。

▲指挥信号不明或乱指挥不吊。

▲工件紧固不牢不吊。

▲吊物上面站人不吊。

▲安全装置失灵不吊。

▲光线阴暗看不清不吊。

▲工件埋在地下不吊。

▲斜扣工件不吊。

▲棱刃物体没有衬垫不吊。

▲钢(铁)水包过满不吊。

当然,这里只列举了部分行业常见的员工违章违纪行为。不管身处什么岗位,在什么样的行业,关键是杜绝违章。所以经常性地自检自查,对于员工改掉违章违纪的不良习惯,培养遵章守纪的好习惯,是极为有利的。

⚠ 4. 规范操作行为，坚决按标准作业

所谓规范操作，就是要严格按照安全操作规程来操作。安全操作规程是员工在操作时必须遵守才能保证安全的具体操作措施和步骤。安全操作规程是经过严密、科学的研究和无数的实践之后确立的、保证岗位安全的最有效的文件。安全管理上有一句口号"安全规程是用血写成的，不必再用血去验证"，清楚地说明了安全操作规程的重要性和科学性——安全规程是经过无数人的鲜血才换来的经验总结，不按照安全规程来操作，就必然会发生安全事故。这几乎成为安全生产中的一个规律。

某装配厂机动科机修站画线钳工吕某，在操作台钻加工工件的过程中，在未停机的情况下，戴手套清扫工件铁屑，被旋转钻头上所带的铁屑挂住右手环指，将右手环指缠绕在钻头上，造成右手环指两节离断事故。

造成这起事故的直接原因，是钳工吕某严重违反操作规程，在未停机的状况下戴手套清扫工件铁屑。造成事故的间接原因：一是机修站安全管理不严，对安全操作规程和岗位安全教育落实不够；二是对习惯性违章行为纠正不力，处罚不严。

对于机械加工、化工、煤矿、建筑施工等一些必须严格按照操作规程操作才能保证作业安全的行业，更需要严格地按照安全规程来工作。比如要确保钻削加工的安全，操作者在操作钻床（包括台钻）时应

遵守安全规程，包括工作中严禁戴手套；钻头上缠有长铁屑时，要停机后清理，用刷子或铁钩清除，严禁用手拉。这起事故的发生，主要是操作者严重违反这两项规定的结果。实际上这些规定就是安全生产常识，戴手套操作钻床，手指容易被卷入造成伤害；停机后用刷子或铁钩清除铁屑，是为了防止手被划伤。如果岗位员工不能严格地按照这些规程来操作，事故也就在所难免。

省某塑料厂曾发生一起粉碎工因严重违章造成的断指事故，事故使一名23岁的青年工人变成残疾人。

该塑料厂有一道原料粉碎工序，就是将废旧薄膜纸塞入粉碎机，打碎成细屑的过程。工作时，粉碎机60厘米深的入料口是绝对禁止将手伸入的，只能用木棒将原料塞进入料口。同时厂里明文规定操作人员不得戴手套，这是为了防止手万一被卷入粉碎机后，能够及时取出。粉碎工彭某入厂后一直从事原料粉碎工作，他技术熟练，工作积极肯干，深得领导和同事的好评。

厂安全员在巡视中发现彭某工作时，为图省事用手送料，立即对他进行了严厉的批评，责令其立即改用木棒送料。但年轻气盛的彭某不以为意，某天彭某一人当班，因天气寒冷，他从别处弄来一双手套戴在手上。8点50分，当他用右手将一大团薄膜纸塞入粉碎机时，潮湿的薄膜纸吸住了他的手套，还未等彭某将手抽出，锋利的刀片就将他的手套连同手指齐刷刷地削掉。造成这起事故的直接原因，是彭某严重违反安全操作规程，并且不听从安全员的纠正，结果造成终身悔恨。

"操作规程是个宝，安全生产少不了"，安全规程是安全生产的保护神，因而必须严格遵守，无条件遵守，才能保证我们的安全。对于违反安全操作规程的行为，更需要坚决制止，及时纠正。违反安全操作规程的主要行为有以下这些。

（1）物品摆放不符合定置定位要求，工作结束后，现场不清理。

（2）未经批准，动用了不是自己分管的设备、工具。

（3）检修设备时安全措施不落实就开始检修。

（4）检修结束后，未将临时拆除的安全装置和设施复位至正常完好。

（5）停车检修后的设备，不认真检查就启用。

（6）不清洗不置换，或动火分析不合格就盲目动火。

（7）在易燃易爆场所，使用非防爆照明器材。

（8）不清除周围易燃物就动火。

（9）动火作业时没有消防后备措施。

（10）用关阀门、加水封等来代替加盲板等做隔绝方法。

（11）使用氧或富氧气体进行置换和通风。

（12）进入容器内作业，未进行置换、通风。

（13）进入容器内作业，未按时间要求进行安全分析。

（14）用动火分析代替安全分析。

（15）进入容器、设备内作业，容器外未设监护人或监护人不坚守岗位。

（16）进入容器、设备内作业无抢救的后备措施。

（17）无证、无令开车，超速行车，空挡溜车，带病行车，人货混载行车，超标装载行车。

（18）无阻火器车辆（包括助力车）进入禁火区。

（19）电气操作时，未使用绝缘工具。

（20）用湿手、油手或工具拉、合电气开关。

（21）机电设备检修时，在配电开关处不断电或不挂警示牌。

（22）进入机械设备内检修运转部件不设专人监护或未采取重复断开动力源措施。

（23）跨越正在运转的机轴（如皮带运输机）。

（24）在易燃易爆区域防腐防锈作业，用铁器敲击管道、设备等。

(25)起重作业,违反"十不吊"。

(26)在未经检查合格的脚手架或梯子上工作。

(27)高处作业时未使用绳索或专用工具袋传递工具、材料或上下运物。

(28)从高处往下扔东西。

(29)未经许可开动、关停、移动机器。

(30)开动情况不明的电源或动力源的开关、闸、阀。

(31)开动、关停机器时未给信号。

(32)开关未锁紧,造成意外转动、通电或泄漏等。

(33)奔跳作业。

(34)超限(如载荷、速度、压力、温度、期限等)使用设备。

(35)工件紧固不牢。

(36)手代替手动工具。

(37)不用夹具固定、用手拿工件进行机加工。

(38)在绞车道或行车道上行走。

(39)攀、坐不安全位置(如平台护栏、汽车挡板、吊车吊钩)。

(40)在起吊物下停留、作业。

(41)机器运转时进行加油、修理、检查、调整、焊接、清扫等工作。

(42)攀登脚手架、井字架、龙门架或随吊盘上下。

(43)使用汽油等易燃液体擦洗机动车辆、设备、工具及衣服等。

(44)站在正面,使用会产生飞溅硬物的打磨器具。

(45)在转动机件上放置物件。

要保证安全操作,员工就一定要坚决杜绝这些违反操作规范的行为,才能有效地预防事故的发生。经常对照这些违章违纪行为,自检自查,自纠自改,坚决按安全标准作业。

⚠ 5. 警惕错误操作，把误操作降到最低

据研究表明，一部分安全事故由作业人员操作失误引起，这是岗位安全的最大隐患。由误操作带来的惨烈事故非常多，是事故发生的重大原因之一。而且误操作事故的危害还会远远高于违纪违章，因为误操作不是违章违纪，而是无意乱为或任意妄为，有时引发的事故甚至是前所未有、前所未见的，连抢救都无从下手，其损失更是无法估量。可见误操作是员工岗位安全的一只"拦路虎"。要保证岗位安全，必须除掉这只拦路虎才行。要不然，就会引发重大安全事故。

某人造板有限公司切片车间因切片机输送螺旋叶脱焊断裂，在同一车间相隔7米的提升机也发生故障，于是机修车间梅某与跟班机修工苏某一起前往切片工段，在当班操作工蒋某的配合下，分别对该车间设备进行抢修。18时左右，苏某进入输送螺旋槽内，低头专心焊接脱焊断裂部位，梅某抢修提升机，由于上下不方便，由蒋某配合按提升机电钮开关（提升机和切片螺旋控制电钮按键并排安装），因蒋某操作疏忽，误按动切片螺旋控制电钮，离配电盘正面仅2米，正在进行电焊作业的苏某双腿被螺旋叶卷入，与此同时1台提升螺旋杆手拉葫芦随着螺旋拉力从约2米高处落下砸在苏某左腹部。在苏某惨痛的呼救声中，蒋某还蒙在鼓里，走近切片螺旋输送槽一看，方才意识到自己按错按钮，随即返回关闭电源，但为时已晚，苏某因伤势过重，经抢救无效死亡。

这是一起典型的误操作引发的事故。误操作是由人引发的，其关键原因当然是人。人是具有高等智慧的生物，以无可比拟的思维能力和创造力改造世界和创造历史，但人也常常会发生一些疏忽、错误、错觉以及行为偏差。这些生活中司空见惯的现象一旦出现在关涉安全的操作中，便会成为引发误操作事故的危险因素，甚至直接引发事故。

如听错调度命令、误解操作内容、誊错操作工作票、写错设备编号、看错设备名称等错误，或者在获得、传递、复制有关信息过程中产生误差，都有产生误操作的可能。由于精神高度紧张、外界干扰、知识不够、自信不足时，都有可能会发生误操作。而且由于员工的经历、经验、技术水平和思想素质的不同也会在执行同一个命令时表现不同。例如，有过事故经历的人对规章就特别认真，刚参加工作的人因不谙深浅而表现出特有的谨慎，而一些自认为经验丰富技术老到的人则往往表现出不应有的懈怠。即使是同一个人，在不同时间、场合、条件下，在不同的心境、情绪、疲劳程度下，执行规章的认真程度也难免有所不同。一不小心或稍稍疏忽，就有可能引发大的事故，伤人伤己。所以，一定要提高安全意识，工作时集中注意力，遇事不慌乱，临危不糊涂，全面减少误操作的发生，杜绝误操作事故。

首先，防范误操作要加强安全生产技术知识和安全技能教育。包括安全生产技术知识、工业卫生技术知识以及根据这些技术知识和经验制定的各种安全生产操作规程等的教育。内容涉及锅炉、受压容器、起重机械、电气、焊接、防爆、防尘、防毒、噪声控制等。安全技能教育包括作业技能、熟练掌握作业安全装置设施的技能，以及在应急情况下，进行妥善处理的技能。进行大量相同的操作，这要求安全生产技能的教育实施主要放在"现场教学"，经过实际操作以达到熟练的要求。

其次，要按照标准化作业。这也是预防误操作的有效方法。标准化作业就是对每道工序、每个环节、每个岗位直至每项操作都制定科学的标准，全体职工都按各自应遵循的标准进行生产活动，各道工序按规定的标准进行衔接，确保最佳的操作质量、操作条件、生产效益。采用标准化作业，是一项从根本上保证职工在劳动过程中安全和健康的重要措施。

最后，要提升自我安全意识。时时刻刻把安全放在第一位，高度警惕，全神贯注，减少误操作的发生。同时还要做好工作中的联系确认，多沟通，避免意外发生。

只要大家都从自身做起，认真负责，将麻痹大意赶出我们的思想，将习惯性违章赶出我们的工作，让严守规程、遵章守纪的思想和行为深深植根在心中，就一定可以把误操作降到最低，让事故离我们越来越远。

⚠ 6. 避免经验主义错误，警惕经验性操作行为

在各类安全事故中，经验主义也是导致事故发生的重要原因之一。要实现"零事故"，避免经验主义的错误，杜绝经验性操作行为，也是十分重要的。

安全工作中凭经验做事，觉得以前就是这样做的没事，今后这样干也没事，将安全规章置于脑后，使安全措施流于形式，久而久之就习惯了不规范工作，用散漫随意的工作作风代替扎实严谨的工作态度，犯下主观主义错误。

《伊索寓言》里有这样一个故事：一头驴子帮助一个商人驮货物，第一次它驮的是盐，很重，到了小河边，驴子觉得这袋盐实在太重了，而且河边很滑，长满了青苔，驴子不小心摔了一跤，跌到了河里，它好不容

易才爬起来，这时它发现背上的盐轻了好多。商人埋怨驴子，你毁了我好多的盐。驴子才不管呢，反正背上很轻了，它轻轻松松就到了家门口。第二天，商人又带驴子去运货，这次驮的货物是棉花，虽然棉花很轻，但是很多，聚起来就会很重，驴子想："没关系，到了小河边就好了，我装得像一点，再摔一跤。"于是到了小河边，驴子故意叫了声"哎哟"，商人说："你今天又把棉花弄湿了。"驴子想："今天我要在水里多待一会儿，让货物轻一点。"谁知等驴子想站起来时，却怎么也站不起来了，因为棉花吸了水重得超过了它的想象，驴子"哦哦"叫了两声就被河水淹死了。

这头驴子犯的就是经验主义的错误。很多违章操作也是如此。违章人员对工作中的不安全因素和各种违章行为的危害性认识不足，为了省事，偶尔违章一次也没有导致事故发生，于是错误地认为这样做既省了不少事，也没那么危险。因为很多时候，你认为的经验实际上并不是对的。

很早以前，有个人饲养了几只老鼠当宠物，还特别喜欢它们。有一天，老鼠突然都从家里逃走了。弄不清怎么回事，他就没命地在后面追。他的朋友也紧跟着。正在这时，地震发生了。还有一次，他外出要上船的时候，老鼠在他的提袋里骚动起来，他立即停住步子，老鼠随即也安静下来。结果出行的船遇上了风暴，沉没在大海里。他像这样托老鼠的福，而幸免于难的事还有好几回。他非常相信他的宠物老鼠有预知危险的能力。

忽然有一天，几只老鼠变得非常害怕而且烦躁起来，坐立不安，他想："天哪，这是危险的征兆啊，一定会有大灾难将来临，不管它了，赶快搬家吧。"于是这个人匆忙地卖掉了房子，很快搬走了，是的，没有危险了，老鼠也安静了。这人竭力想弄清搬后到底发生了什么灾难。于是，他就给他旧居打了电话。"喂，喂，我是以前的老住户，想打听一下……""什么事？忘了什么东西？""不是，我是想知道在我搬走后，您那有什么变化吗？""哦，好像没什么。""绝不会的。请您仔细想一下？""要说嘛，那就是您走后不久，住在你隔壁的人家也搬了。就这些。"

"是吗？新搬来的是什么人？一定是位可怕的人物吧？""哪里，是位很和善的人。他很喜欢猫，养了很多猫……"

  这位宠爱老鼠的先生就犯了经验主义的错误，可见经验主义害死人。不可否认，经验是重要，经验可以让我们轻松地面对很多问题，经验可以让我们从容不迫，经验可以让我们避轻就重，解决很多实际的难题，但是经验不是绝对的。完全依靠经验甚至是可笑的，就像那个完全依靠老鼠预测灾难的人一样，自己没有对客观事实进行观察和判断，一味地依靠经验，必然会为经验所困，最终尝到经验主义的苦果。

  安全工作，容不得半点失误，一个失误，一个不认真，带来的就是血的惨剧。即使在工作中是一把好手，有着丰富的经验但缺乏具体问题具体对待的精神，什么问题都想着自己过去怎么做，忽略了新技术、新环境和新情况，就会弄巧成拙，就会犯经验主义错误。

  安全工作要实现"零失误""零差错""零事故"，必须有认真细致的作风，有精益求精的态度，杜绝"应付、凑合、差不多、基本上"等不负责任的做法，把认真细致体现在每一项工作中，抑制经验主义，别让害人的经验主义来作祟。

第六章 掌握安全技能：用精湛的技术避免操作事故

精湛的安全操作技术，无疑会极大地减少安全事故的发生，娴熟的安全技能是最好的「护身符」。员工要学习安全知识，勤练安全技能，保证自己操作「零失误」，才有可能安全「零事故」。

⚠ 1. 娴熟的技能是安全的"护身符"

安全技能不仅是保证员工安全操作的重要基础，也是员工安全上岗的必备前提。绝大多数的行业都要求员工上岗前必须进行安全技能培训，有一些重要岗位还要求员工必须取得岗位操作证后才能上岗，就是因为安全技能是岗位安全的"护身符"，一个不懂基本安全技能的员工是不可能做好安全工作的。

试想一下，汽车司机没有交通安全意识和基本行车安全技能，矿山工人没有矿山采掘的安全技能，化工人员没有防火、防爆、防伤害的安全意识和化工安全知识，电工不知道触电是怎么回事，起重机司机根本不懂得怎样操作才是安全的……这怎么可能保障安全？

这就和一个从来没有摸过枪、不懂打仗的人不能上战场是一个道理。要想让一个人上战场后奋勇杀敌，赢得胜利，而且保证能活着回来，没有一身硬本领是不行的。因此，要杜绝违章，减少事故，保障安全，首先必须学会安全技能。

提高安全技能既是保证企业安全的需要，也是保证员工自己安全的需要。安全技能是安全生产的重中之重，但是员工安全知识缺乏，安全技能不熟就上岗工作的事时有发生，一些特种作业的员工甚至没有从业资格证。毫不夸张地说，这些员工就是拿自己的生命开玩笑，在向死神挑战。

某重型机械厂工楚某因急用氧气，在没有征得领导同意的情况下临时让装配工王某、赵某去充氧站拉了一车氧气瓶。在厂门口卸车时，门卫喊赵某，让他去接电话。在赵某去接电话时，王某等不及便自己卸车，可是由于他一个人很难把氧气瓶搬下来，于是王某就用脚蹬氧气瓶到车厢边，然后抛掀气瓶到地上。可是当王某在抛落第三个氧气瓶的时候，氧气瓶突然发生爆炸，王某当场被炸身亡。

我们知道如果装满氧气的钢瓶内气压达到一定的数值，并且由于各种原因导致温度较高的话，就可能发生爆炸。装配工王某根本就不懂氧气瓶的装卸技能以及安全规程，他为了省事，就采用脚蹬、抛掀的办法卸载氧气瓶，使氧气瓶从高处落地，瓶内氧气受到突发震荡，产生瞬间超压而爆炸。

如果不懂安全技能，危险就会像影子一样紧跟着我们，随时对我们发动攻击。就如案例中的王某，恐怕都不知道自己是怎么死的，如果他掌握了氧气瓶搬运的安全技能，相信绝不会发生这样的事故。

专业技能是安全最重要的通行证。拥有过人的专业技能，是安全的必要条件。一个人专业技能的高低，直接影响着他在安全工作中的表现。一个缺乏过硬专业技能的人，是难保安全的，应该想尽办法提高自己的专业能力。

某石油化工厂着火，当晚值夜班的李某正在给单井高架火烧罐炉膛内加煤，突然发现原油罐顶闸门有一团明火。李某立即提着灭火器向罐顶冲去，并高喊"着火了"。当李某把灭火器提到罐顶时，却发现自己并不会操作它，于是冲向附近队部请求支援。队部的一位工友听到李某的喊声急忙打开灭火器进行灭火，可仍不能把火完全灭掉。闻声赶来的队干部说，这是电热带起火，必须首先关掉电源。火终于被扑灭了，虽然没有造成大的损失，但仍给我们一个教训：没有安全技能就无法保证岗位安全。

我们常说"千金在手，不如一技傍身"，因为"一技"比千金有用多了，走到哪里也不怕。掌握了安全技能，任何时候都可以保障自己的安全，这不比千金在手强多了？只有娴熟的安全技能，才能为安全发展保驾护航；只有熟练掌握安全技能，才能保证岗位工作安全；认真学习提高安全技能，注重日常生活安全及公共安全，才能真正做到"我会安全"。

（1）办公室岗位安全技能

通常人们都认为办公室和家里是最安全的地方。其实，在这些地方，也有一些潜在的危险。如果员工能了解一些正常的工作习惯，就能将办公室的危险性降到最低。

①办公区域过于拥挤。

②办公设备摆放不当。

③档案柜、垃圾桶阻拦了通道。

④电脑放置过于密集。

⑤办公设备和桌角突出的尖角。

⑥楼梯的扶栏失修。

⑦地板打滑。

⑧档案柜上堆放的杂物过多，有倾倒下来的危险。

⑨有些员工站在转椅上取东西。

⑩在不会操作和没有指导的情况下使用不熟悉的设备。

⑪电线和电话线拖在地上，而没有埋入地毯内。

⑫电磁炉和其他电器过多，致使电路负荷过重。

⑬不彻底的绝缘。

⑭保险丝过细。

⑮天花板上的灯器不牢固。

⑯对于已发现的危险隐患不够重视。

（2）电工岗位安全技能

①电气作业人员对安全必须高度负责，应认真贯彻执行各项安全操作规程，安全技术措施必须落实。安装电气必须符合绝缘和隔离要求，拆除电气设备要彻底干净。对电气设备金属外壳一定要有效接地。电气作业人员要正确使用绝缘的手套、鞋、垫、夹钳、杆和验电笔等安全防护品与工具。

②加强全员的防触电事故教育，提高全员防触电意识；健全安全用电制度；严禁无证人员从事电工作业；使用电气设备要严格执行安全规程。

③针对发生触电事故高峰值带有季节性的特点做好防范工作。据有关资料表明，6、7、8、9月发生的触电事故占全年发生数的70%左右，而7月发生数又占事故高峰期的40%以上。在高温多雨季节到来以前，要全面组织好电气安全检查，对流动式电动工具要列入重点检查。也要做好日常对电气的保养、检查工作。

（3）切削加工岗位安全技能

①操作者在上岗之前，应通过专门培训，取得相关设备操作证书。

②操作者在上岗之时，应首先熟悉机床特点，熟悉机床安全操作规程，掌握安全技术并接受专业人员的安全操作检查。

③检查机床安全防护装置（如防护罩、防护挡板和防护栏等）及危险部分是否设计合理、安装可靠，是否有松动或脱落等现象。如发现安全防护装置存在问题，应立即组织人员检修，经检验合格后方能启动机器；如发现有松动或脱落现象，应紧固设备、夹具、工件，保持设备处于安全状态，保持工件固定可靠。

④检查机床上的安全保险装置，如超负荷保险装置、行程保险装置、

顺序动作联锁装置和制动装置，装置是否齐全，功能是否正常有效。

⑤在切削加工过程中发现有异样，如异响、有异味、冒烟冒火情况，有失控现象，应立即停止操作，对设备进行检修。检修应在切断电源后才能进行。

⑥检查生产现场是否有足够的照明，照明能否看清设备和工件的各个部位。

⑦对噪声超过国家规定标准的机床，应查明原因，并采取降低噪声的措施。

（4）焊接工的岗位安全技能

①在氧气瓶嘴上安装减压器之前，应用口吹除瓶嘴尘渣，以防尘渣堵塞瓶嘴。严禁使用未装减压器的气瓶。

②乙炔瓶和氧气瓶嘴部及开瓶扳手上均不得沾有油脂，以免油脂吸附灰尘，堵塞瓶嘴。

③乙炔瓶和氧气瓶均应距明火 10m 以上安全放置，乙炔瓶与氧气瓶之间也应保持 7 米以上的安全距离。

④乙炔瓶与焊炬之间应装有可靠的回火防止器。

⑤乙炔瓶与氧气瓶均应放置在空气流通的地方，但不得将它们放置于烈日下暴晒，也不得靠近火源及其他热源地方，以免受热膨胀，发生气瓶爆炸事故。

⑥使用焊（割）炬前，必须检查焊（割）炬喷射情况，查看是否通畅，能否正常使用。操作时，应先开启焊（割）炬的氧气阀，待氧气喷出后，再开启乙炔阀。同时，用手检验乙炔接口处，看是否有吸引手指的感觉，如有吸力，说明乙炔管道通畅，这时可以将乙炔胶管接于焊（割）炬接口上。

⑦如在通风不良的地点或在容器内作业时，应先在外面给焊（割）炬点火。

⑧点火时应先开少许乙炔气，待点燃后迅速调节氧气和乙炔气的气

量，并按工作需要选取火焰。停火时应先关闭乙炔气，再关闭氧气，以防引起回火和产生烟灰。

⑨在易燃易爆生产区域内动火，应按规定执行动火审批制度。

⑩气焊和电焊在同一地点作业时，氧气瓶应垫上绝缘物，以防止气瓶触电。

从事手工电弧焊作业，应掌握以下安全技能：

①在下雨、下雪时，不得进行露天施焊，以免发生触电事故。

②在高处作业前，应检查焊接地点下面是否有易燃易爆物品，以防掉落的火花引燃引爆物品；作业时应系好安全带，以免坠落。

③不要将焊接电缆放在电焊机上。

④横跨道路的焊接电缆必须装在铁管内，以防止电缆被压破漏电。

⑤施焊前，应先检查周围，查看是否有易燃易炸物品。

⑥严禁将焊接电缆与气焊用胶管混缠在一起。

⑦二次电缆不宜过长，一般应根据工作时的具体情况而定。焊接电缆截面积和允许焊接电流值应相互匹配。

⑧在施焊过程中，当电焊机发生故障需要检查修理时，必须先切断电源，再进行修理。禁止在通电情况下用手触动电焊机的任何部分，以免发生事故。

⑨在船舱内焊接作业时，应采取通风措施，应由两个人轮换操作。

⑩在容器内焊接作业时，应使用胶皮绝缘防护用具，附近应安设一个电源开关，由监护人员专门看管和监护。监护人员要听从焊接操作人员的指示，根据指示随时通断电源。

⑪在焊接作业时，不可将工件拿在手中或用手扶着工件进行焊接。

⑫连续焊接超过一个小时后，应检查焊机电缆温度。如温度达到80℃，必须切断电源，让焊机及电缆冷却下来。

（5）冶炼工的岗位安全技能

①冶炼作业人员必须掌握生产技术，熟悉操作规程，严格按工艺流

程去操作。

②加强冶炼原料的管理和挑选工作，严防爆炸品、密封容器等物品混入原料并进入炉内。

③定期检查冷却系统，保持系统畅通，控制好冷却水压和水量，以防止水冷却系统强度不够造成钢板烧穿，导致钢水遇水爆炸。

④严格执行热风炉工作制度，防止由于换炉造成热风炉爆炸事故；严格执行从补炉、装炉、熔炼到出钢整个过程的操作规程，避免由于操作不当造成熔炼过程中的喷溅、爆炸事故。

⑤出钢时，要事先对铁钩、铁水罐、钢水包、地坑和钢锭模进行加热干燥，防止因潮湿引起爆炸事故。

⑥作业人员要穿戴专用鞋、专用手套、工作服和安全帽，以避免身体与高温工件或工具直接接触。

⑦预防中毒。有效的预防废气中毒的办法是加强生产现场的通风，及时排出废气；做好废气浓度的监测工作，及时报告废气中一氧化碳的浓度，提示人们采取有效措施；做好个人防护工作，戴好呼吸防护用品。

（6）锻造工岗位安全技能

①锻造作业人员必须经过专门培训，经考核合格并取得上岗证后，方能独立从事锻造作业。否则，这些锻造人员不得单独操作锻压设备和加热设备。

②锻造作业人员应掌握一定的锻压设备保养知识，应定期保养设备，使设备处于完好状态。

③锻压设备运转部分，如带轮、传动带、齿轮等部位，均应设置安全防护罩；水压机应装设安全阀、自动停车装置和启动装置；蓄压器、导管和水压缸应有独立的压力表；动力稳压器应装有安全阀。

④操作人员应熟悉操作规程并严格执行，以防煤气中毒、灼伤、烤伤和电炉触电等事故发生。

⑤操作人员在开始工作前应穿戴好个人防护用品，以减少辐射热以及灼热的金属料头和飞出的金属氧化皮对人体的伤害。

⑥在锻造作业中，操作人员应集中精力、相互配合；要注意选择安全操作位置，躲开作业危险方向（如切料时，身体要避开料头飞出方向）；握钳和站立姿势要正确，钳把不能正对或抵住腹部；司锤人员要按掌钳人员的指令准确司锤；锤击时，第一锤要轻打，等工具和锻件接触稳定后方可重击；锻件过冷或过薄、未放在锤中心、未放稳或有其他危险时均不得锤击，以免损坏设备模具和震伤手臂，或者锻件飞出，造成伤人事故；严禁擅自落锤和打空锤；不准用手或脚去清除砧面上的氧化皮；不准用手去触摸锻件；烧红的坯料和锻好的锻件不准乱扔，以免烫伤别人。

这是几种常见的安全生产技能，但是时代在进步，技术也在更新换代，所以我们的思想意识需要进一步提高，我们的技能水平更需要随着时代"更新换代"，正所谓"活到老，学到老"，不能只停留在原有的知识技能水平上裹足不前，不思进取。面对更加深奥的理论知识和复杂的技术操作，更要跟上脚步，更新自己的"知识库"，让自己的知识技能跟上时代发展的脚步。只有企业职工不断学习进步，提升安全生产技能，牢固掌握安全生产技能，岗位安全才有保障。

⚠ 2. 学习安全知识,提高避险能力

如果没有安全知识,我们就不能清楚地知道什么是安全,什么是危险。安全知识既是保障企业安全的需要,也是保障自身安全的需要。安全工作需要与时俱进,不断改进,而人往往因为安全知识缺乏,会固守一些不安全行为,这在安全工作中可能造成的后果是不可想象的,安全知识就是保证安全的资本,是保命的灵符。不懂安全知识就会害人,不仅害自己,也会害别人,掌握安全知识,不但救自己还能救别人。因此,每个人都需要不断地补充自己的安全知识,将安全工作做好。

某矿发生特大透水事故后,在狂涌而出的大水面前,很多人都惊慌失措了,甚至人群中传出哭泣声……紧急时刻,一名班长勇敢地站出来,按照他脑中的避灾路线,在正常出口被封堵的情况下,炸开了一个废弃斜井的密闭门,使20余人成功脱险。

事后在荣誉面前,班长说:"是安全知识救了大家……"

安全知识是员工保证安全生产、安全操作的基本前提,也是每一个员工必备的职业素质之一。只有掌握了这些最基本的知识,安全才会有一个基本的保障。

(1)安全色知识

每种颜色具有各自的特性,给人们带来不同的视觉和心理刺激,从

而给人们以不同的感受，如冷暖、进退、轻重、宁静与刺激、活泼与忧郁等各种心理效应。安全色就是根据颜色给予人们的不同感受来确定的。

安全色是用来表达禁止、警告、指令、提示等安全信息含义的颜色。它的作用是使人们能够迅速发现和分辨安全标志，提醒人们注意安全，以防发生事故。

按照国家标准，安全色标准规定红、黄、蓝、绿四种颜色为安全色。同时规定安全色必须保持在一定的颜色范围内，不能褪色、变色或被污染，以免同别的颜色混淆，产生误认。

红色：禁止、停止、危险或提示消防设备、设施的信息。用于禁止标志。机器设备上的紧急停止手柄或按钮以及禁止触动的部位通常都用红色，有时也表示防火。

蓝色：传递必须遵守规定的指令信息。

黄色：传递注意和警告的信息，如厂内危险机器、警戒线、行车道中线、安全帽等。

绿色：传递安全的提示性信息。表示安全状态或可以通行。车间内的安全通道，行人和车辆通行标志，消防设备和其他安全防护设备的位置都用绿色。

安全色只有在实现安全目的、表达安全含义时，才称为安全色。如果是为了区别容器、管道中的介质或其他目的，即使使用了红、黄、蓝、绿，也不能称为安全色。

能使安全色更加醒目的颜色，称为对比色或反衬色。黑、白互为对比色，白色明度最高，反之明度越低。白色反射率高，在心理上有清洁感，黑色和其他颜色相配时，能使其他彩色显得美观。对安全色来说，黄色的对比色用黑色，其余红、蓝、绿的对比色用白色。

对于相间条纹标示，有红色和白色相间条纹，黄色与黑色相间条纹，以及蓝色与白色相间条纹（用于道路交通）。这些相间条纹标示，使安全色在其对比色的衬托下，显得更加清晰醒目。红色和白色，黄色和黑色间隔条纹是两种较醒目的标示。

红色与白色相同条纹是表示禁止或提示消防设备、设施的位置的安全标记。如交通、公路上用的防护栏杆。

黄色与黑色相同条纹是表示危险位置的安全标记。如工矿企业内部的防护栏杆、吊车吊钩的滑轮架、铁路和公路交叉道口上的防护栏杆。

蓝色与白色相间条纹是表示指令的安全标记，传递必须遵守规定的信息。应用于铁路交通的指向导向标。

绿色与白色相间条纹是表示安全环境的安全标记。

为了引起人们对周围环境存在的不安全因素的注意，在需要的部位涂以醒目的安全色是十分必要的。另外，统一地使用，能使人们在紧急的情况下，借助于所熟悉的安全色含义，尽快地识别危险部位，及时采取措施，提高自控能力，有助于防止事故的发生。但必须注意的是，安全色与安全标志一样，不能消除任何危险，也不能代替防范事故的其他安全措施。

（2）安全标识常识

安全标识通常是指安全标志和安全标签。安全标志是由图形符号、安全色、几何形状（边框）或文字构成。安全标志用以表达特定的安全信息，是一种国际通用的信息，不同国籍、不同民族、不同文化程度的人都容易理解。

使用安全标志的目的是提醒人们注意不安全因素，防止事故的发生，起到保障安全的作用。安全标志本身不能消除任何危险，也不能取代预防事故的相应措施。

我国安全标志所用的几何图形有圆形、三角形和长方形，与国际标准草案所规定的几何图形基本一致。

安全标志分为禁止标志、警告标志、指令标志和提示标志四类。

①禁止标志的含义是禁止人们的不安全行为。其基本形式为带斜杠的圆边框。圆形和斜杠为红色，图形符号为黑色，衬底为白色。圆形是

不可分离的象征,在同样的面积下,圆形中画的图像显得大而且清楚。禁止标志图形共40个。禁止标志为第一类,包括1-1禁止吸烟、1-2禁止烟火、1-3禁止带火种、1-4禁止用水灭火、1-5禁止放易燃物、1-6禁止堆放、1-7禁止启动、1-8禁止合闸、1-9禁止转动、1-10禁止乘人、1-11禁止靠近、1-12禁止入内、1-13禁止停留、1-14禁止通行、1-15禁止跨越、1-16禁止攀登、1-17禁止跳下、1-18禁止触摸、1-19禁止抛物、1-20禁止戴手套、1-21禁止穿化纤衣服、1-22禁止穿带钉鞋下面是部分标志图示例。

1-1 禁止吸烟　　1-2 禁止烟火

1-3 禁止带火种　　1-4 禁止用水灭火

1-5 禁止放易燃物　　1-6 禁止堆放

1-7 禁止启动　　1-8 禁止合闸

1-9 禁止转动　　　　1-10 禁止乘人

1-11 禁止靠近　　　　1-12 禁止入内

1-13 禁止停留　　　　1-14 禁止通行

1-15 禁止跨越　　　　1-16 禁止攀登

1-17 禁止跳下　　　　1-18 禁止触摸

1-19 禁止抛物　　1-20 禁止戴手套

1-21 禁止穿化纤衣服　　1-22 禁止穿带钉鞋

②警告标志的含义是提醒人们对周围环境引起注意，以避免可能发生的危险。其基本形式是正三角形边框。三角形边框及图形符号为黑色，衬底为黄色。三角形本身有着尖锐激烈的特点，容易引人注目。即使光线不佳时也比圆形清楚。国际标准草案中也把三角形作为警告标志的几何图形。警告标志图形共39个，警告标志为第二类，包括2-1 注意安全、2-2 当心火灾、2-3 当心爆炸、2-4 当心腐蚀、2-5 当心中毒、2-6 当心感染、2-7 当心触电、2-8 当心电缆、2-9 当心机械伤人、2-10 当心塌方、2-11 当心冒顶、2-12 当心坑洞、2-13 当心落物、2-14 当心吊物、2-15 当心烫伤、2-16 当心伤手、2-17 当心扎脚、2-18 当心弧光、2-19 当心电离辐射、2-20 当心裂变物质、2-21 当心激光、2-22 当心微波、2-23 当心车辆、2-24 当心火车、2-25 当心坠落。下面是部分标志图示例。

2—1 注意安全　　2—2 当心火灾

2—3 当心爆炸

2—4 当心腐蚀

2—5 当心中毒

2—6 当心感染

2—7 当心触电

2—8 当心电缆

2—9 当心机械伤人

2—10 当心塌方

2—11 当心冒顶

2—12 当心坑洞

2—13 当心落物

2—14 当心吊物

2—15 当心烫伤

2—16 当心伤手

2—17 当心扎脚

2—18 当心弧光

2—19 当心电离辐射

2—20 当心裂变物质

2—21 当心激光

2—22 当心微波

2—23 当心车辆

2—24 当心火车

2—25 当心坠落

③指令标志的含义是强制人们必须做出某种动作或采用防范措施。标有指令标志的地方，就是要求人们到达这个地方，必须遵守指令标志的规定。例如施工工地附近有"必须戴安全帽"的指令标志，则必须将安全帽戴上，否则就是违反了施工工地的安全规定。其基本形式是圆形边框，图形符号为白色，衬底色为蓝色。指令标志图形共16个，指令标志为第三类，包括3-1必须戴防护镜、3-2必须戴防尘口罩、3-3必须戴防毒面具、3-4必须戴护耳器、3-5必须戴安全帽、3-6必须戴防护帽、3-7必须系安全带、3-8必须穿救生衣、3-9必须穿防护衣、3-10必须戴防护手套、3-11必须穿防护鞋、3-12必须加锁。下面是部分标志图示例。

3—1 必须戴防护镜　　3—2 必须戴防尘口罩

3—3 必须戴防毒面具　　3—4 必须戴护耳器

3—5 必须戴安全帽　　3—6 必须戴防护帽

3—7 必须系安全带　　3—8 必须穿救生衣

3—9 必须穿防护衣　　3—10 必须戴防护手套

3—11 必须穿防护鞋　　3—12 必须加锁

④提示标志的含义是向人们提供某种信息（如标明安全设施或场所等）。一般提示标志是指安全通道和太平门的方向。如在有危险的生产车间，当发生事故时，要求操作人员迅速从安全通道撤离，这就需要在安全通道附近安设有指明安全通道方向的提示标志。其基本形式是长方形边框，图形符号为白色，衬底色为绿色。长方形具有重量感和显著性。另外，提示标志也需要有足够的地方书写文字和画出箭头以提示必要的信息，所以用长方形是适宜的。提示标志图形共8个，提示标志为第四类，包括4-1紧急出口、4-2避险处、4-3应急避难场所、4-4可动火区、4-5击碎表面、4-6急救点、4-7应急电话、4-8紧急医疗站。图略。

有时候，为了对某一标志加以强调而增设辅助标志。辅助标志就是在每个安全标志的下方标有文字，补充说明安全标志的含义。补充的文字可以横写，也可以竖写。一般挂牌的补充文字横写，用杆竖立在特定地点的补充文字竖写。

安全标志应设在醒目的地方，人们看到后有足够的时间来注意它所表示的内容。不能设在门、窗、架子等可移动的物体上，因为这些物体位置移动后，安全标志就起不到作用了。

（3）危险化学品的安全管理及标签

在含有危险物品的系统上或容器上加贴带有警告符号、文字说明的标签叫作危险化学品的安全标签。危险品在制造厂家包装与发运后到使用之前，还要经过许多次的搬运和装卸。如果危险品没有识别记号或警告标志，搬运工以及使用这些物品的人就无法知悉包装内的危险品的性质与危险性，也不知道采取哪些必要的预防措施，这就有可能造成严重的后果。所以，危险品的安全标签只是提供了一种警告符号，它不能代替防止有关危险的相应安全措施。

标签是用于标明化学品所具有的危险性和安全注意事项的一组文字、象形图和编码组合。它可粘贴、拴挂或喷印在化学品的外包装或容器上。包括化学品标识、象形图、信号词、危险性说明、防范说明、应急咨询电话、供应商标识、资料参阅提示语等。

化学品标识用中文和英文分别标明化学品的化学名称或通用名称，名称要求醒目清晰，位于标签上方的名称应与化学品安全技术说明书中的名称一致。

对混合物应标出对其危险性分类有贡献的主要组分的化学名称或通用名、浓度或浓度范围，若需要标出的组分较多时，以不超过5个为宜。

标签一般使用黑色图形符号加白色背景，菱形方块边框为红色，正文使用与底色反差较明显的颜色，一般采用黑白色。

除了标签和标识，对危险化学品的生产、运输、储存和使用都有规定。

危险化学品，是指具有毒害、腐蚀、爆炸、燃烧、助燃等性质，对人体、设施、环境具有危害的剧毒化学品和其他化学品。

危险化学品从业人员应当接受教育和培训，考核合格后上岗作业；对有资格要求的岗位，应当配备依法取得相应资格的人员。这些知识也是每一个员工都应当学习并掌握的。

（4）特种作业人员须经培训认证才能上岗

特种作业是指容易发生人员伤亡事故，对操作者本人、他人及周围设施的安全可能造成重大危害的作业。直接从事特种作业的人员称为特种作业人员。特种作业及人员范围如下。

①电工作业。含发电工、送电工、变电工、配电工，电气设备的安装工、运行工、检修（维修）工、试验工，矿山井下电钳工。

②金属焊接、切割作业。含焊接工、切割工。

③起重机械（含电梯）作业。含起重机械（含电梯）司机、司索工、信号指挥工、安装与维修工。

④企业内机动车辆驾驶。含在企业内及码头、货场等生产作业区域和施工现场行驶的各类机动车辆的驾驶人员。

⑤登高架设作业。含2米以上登高架设工、拆除工、维修工，高层建（构）筑物表面清洗工。

⑥锅炉作业（含水质化验）。含承压锅炉的操作工、锅炉水质化验工。

⑦压力容器作业。含压力容器罐装工、检验工、运输押运工、大型空气压缩机操作工。

⑧制冷作业。含制冷设备安装工、操作工、维修工。

⑨爆破作业。含地面工程爆破工、井下爆破工。

⑩矿山通风作业。含主要通风机操作工、瓦斯抽放工、通风安全监测工、测风测尘工。

⑪矿山排水作业。含矿井主排水泵工、尾矿坝作业工。

⑫矿山安全检查作业。含安全检查工、瓦斯检验工、电气设备防爆检查工。

⑬矿山提升运输作业。含主提升机操作工、（上下山）绞车操作工、固定带式输送机操作工、信号工、拥罐（把钩）工。

⑭采掘（剥）作业。含采煤机司机、掘进机司机、耙斗装载机司机、

凿岩机司机。

⑮矿山救护作业。

⑯危险物品作业。含危险化学品、民用爆炸品、放射性物品的操作工、运输押运工、储存保管员。

⑰经国家安全生产监督管理部门批准的其他作业。

特种作业人员在劳动生产过程中担负着特殊任务，所承担的风险较大，一旦发生事故，便会对企业生产、职工生命安全造成较大损失。因此，对特种作业人员必须坚持进行专门的安全技术知识教育和安全操作技术训练，并进行严格的考试。考试合格并取得特种作业操作证者，方可上岗工作。这是企业安全教育的一项重要制度，是保证安全生产、防止重大伤亡事故的重要措施。

学习安全知识是提高技能水平的一个重要环节。通过学习和培训，员工的素质会得到很大的提高，特别是员工的安全素质得到了强化，知识增加了，专业技术精湛了，自然也就增强了安全能力。只有这样，安全才有基本的保障。

安全知识是安全行为的保障，知识越丰富，安全越有保障。只有丰富的安全知识，才能保障行为的安全，所以员工必须认真学习安全知识，掌握各方面的安全知识，用知识武装自己，从而保障安全"零事故"。

⚠ 3. 加强安全教育和培训，消除不安全行为

安全教育和培训是安全生产管理工作的重要组成部分，它是提高全体劳动者安全生产素质和安全技能的一项重要手段。依照国家规定，全体职工都要进行安全生产的培训和考核，未经培训或考核不合格的不得上岗作业。因为职工必须懂安全才会有安全，才能消除不安全的行为。

某化工公司在生产过程中，3台电炉都进入了正常生产状态。新任值班电工张某在巡岗检查时发现，距地面2.5米高处的2#电炉高压室35千伏安相电流互感器上有异常声音，从高压室返回后便将此情况向班长黄某做了汇报，班长黄某听后没有做任何安排，便自己一人拿了手套去2#电炉，张某随即也跟了出去。黄某经过变压器房顺便停了变压器排风扇，就径直走向高压室，爬上支撑互感器的铁架第二层（距地面1.7米），左手抓在支架的顶层角铁上，然后贸然用右手试探互感器。因室内光线较暗，黄某叫张某把灯拉开，张某转身开灯时，忽然听到黄某的叫喊声，张某发现黄某已被吸上了35千伏互感器铝排并产生了弧光。张某见状急喊该电炉配电工停电，配电工听到喊声后立即停了电，此时黄某刚从支架上坠落下来，着地时头部撞在墙角一水泥盖板上，致使摔伤。现场人员急忙将黄某送往医院，经医院检查，发现黄某的右手背及双脚有被电击的伤痕，伤势较重，所幸无生命危险。

黄某的这次事故，就是缺乏安全教育所造成的，黄某贸然用右手试探互感器，缺乏安全意识。张某在发现险情时，不知如何处理，贸然断电，使黄某从支架上坠落，这些都是因为企业没有对员工进行有效的安全教育和培训造成的。因此，加强对职工的教育和培训，提高他们对安全生产工作重要性的认识，提高自我保护意识，已经成为促进安全生产形势好转的当务之急。

所谓安全教育和培训，是指提高生产经营单位主要负责人、安全管理人员和特种作业人员安全生产知识、技能和整体素质，以达到安全生产目的而进行的职业教育和训练。

企业安全教育和培训形式多种多样，三级教育培训、课堂教育培训、现场教育培训等，都是常见的安全教育培训模式。

（1）三级教育

三级教育是对新员工进行安全教育的主要手段。它在厂（矿）或公司、车间（工段、区队、队）、班组三个层面进行，因而被称为"三级教育"。

①一级教育：公司层面的教育

新工人入职后，要经公司人事部及质安部进行一级安全教育，教育内容包括以下方面。

▲劳动保护的意义及任务，使新进员工树立起安全意识。

▲介绍企业安全概况，包括企业安全工作发展史、企业生产特点、企业设备分布情况。重点介绍特殊设备的注意事项、公司安全生产的组织结构，公司的主要安全生产规章制度（如安全生产责任制、安全生产奖惩条例、防护用品管理制度、防火制度等）。

▲介绍企业典型的安全事例和教训，向员工传授抢险、救灾和救人的基本常识，以及发生事故后的报告程序等。

公司安全教育一般由企业安全部门组织进行，时间为4~16小时。为了增加趣味性，讲解应该与看图片、观视频结合起来。实地参观是最好的现地现物的教育方式，最好发放一本浅显易懂的安全手册，让员工边看边听。

②二级教育：部门教育（车间、区队、站队等）

主要是结合本部门具体生产状况进行。主要包括以下内容。

▲车间生产的产品及其特点。

▲安全生产纪律和文明施工要求。

▲安全生产技术操作一般规定。

▲作业现场安全管理规章制度。

▲职业健康教育。

③三级教育：班组教育

这是最具体的安全教育，可直接结合员工要操作的设备进行。

▲班组生产工作的性质，机具设备及安全防护设施的性能和作用。

▲本工种具体安全操作规程。

▲班组安全生产、文明施工要求和劳动纪律。

▲本工种事故案例剖析，易发事故部位交底及防护用品的使用要求。

（2）日常安全教育

除了在员工刚入职时对其进行集中的三级培训以外，企业还要结合日常工作对员工进行不懈怠的安全教育。因为要想让安全观念、安全意识入脑入心，必须持续不断地说教，反复的次数越多，员工记忆就会越深刻，效果也就越好。日常安全教育的具体形式有以下几种。

①课堂教育

以上课讲授的方式向员工传达安全生产相关的理念、方法等。

②会议教育

把安全内容作为会议主题或其中的一个板块，通过早晚会、周会、月会等形式对员工进行安全教育、安全培训。

③现场教育

这是最好的教育形式。管理人员在现场巡视时发现的违章行为或操作不到位的地方，就是最好的活教材。例如，发现一个员工在打凿砼时未戴安全防护眼镜,应立即督促其改正,接着讲述不戴安全防护眼镜的严重后果,同时列举本企业或外企业已经发生的类似案例,警醒违章员工认识违章作业会带来的严重后果。

从操作角度来讲,比较容易纠正的违章,管理人员口头要求一下就行。相对复杂的怎么办呢?这时候管理人员就更要费一点心思了,不仅要动口,还要动手,比如手把手地示范等。

④亲情视频教育

亲情教育用在安全上是非常合适的。现在很多在中国的外企也入乡随俗,纷纷打"亲情牌"。尤其是亲情视频,更是让这类活动有了新的载体,效果更好。

⑤微信培训

微信培训就是利用微信的方式对违纪员工,或有违章倾向的员工进行针对性的指导、帮助。微信的内容是即时编写的,可以因人而异、因事而异,更能解决实际问题。这种方式,也在一定程度上解决了很多安全管理培训人员共同的难题,即不同的人用同样的培训内容、同样的安全教育培训资料、同样的培训方式,效果却不尽如人意。用微信则不一样,可以随时收集员工安全方面的异常情况,即时编发包含警示、提示、提醒、工作动态和规程学习等内容,点对点发送到员工微信上,对其进行提示、教育。

当然,教育培训形式远不止这些,随着科技发展和通信的进步,还有更多新颖别致的安全教育培训形式涌现出来,如警示动漫、安全游戏等。

在对员工进行安全培训的同时,还要加强安全意识的灌输。通过形式多样、员工喜闻乐见的培训,让员工从根本上认识到:安全是为了自己,自己是安全培训最大的受益者,这样才能实现长久安全生产的目标。

⚠ 4. 操作保证"零缺陷",生产才能"零事故"

古人云:"人非圣贤,孰能无过,过而能改,善莫大焉。"一年又一年,一代又一代,我们每个人几乎都认同了这句话,认为人都是要犯错误的,因此也就有了人无完人的说法,我们都在心安理得地犯错误,也能一次次原谅自己的错误,包括他人的错误。

但是,在安全上不能出现一丝一毫的过失,因为生命没有回头路,事故一旦发生就再也无法挽回。如果在安全工作中,操作者也以"孰能无过"作为自己违反操作规程、违反安全制度的借口,那么,安全工作必定会漏洞百出、不堪一击,家庭和企业也将会因此而蒙受巨大的损失。只有保证操作"零缺陷",生产才能"零事故"。

"零缺陷",原本是质量管理的一个概念,由被誉为"全球质量管理大师""零缺陷之父"和"伟大的管理思想家"的菲利浦·克劳士比(Philip Crosby)在20世纪60年代初提出,并在美国推行零缺陷运动。后来,这一思想传至日本,在日本制造业中得到了全面推广,使日本制造业的产品质量得到迅速提高,并且领先于世界水平,继而进一步扩大到所有领域。"零缺陷"质量管理的核心内容就是"第一次就把事情做对"。

"零缺陷"管理理论对于搞好安全工作帮助很大。作为工作质量的首要执行标准,这绝不是空洞的口号。它不是说人不可以犯错误,而是指对待工作时必须坚持第一次就做正确的理念,从而树立第一次就符合所有要求的决心和态度。要真正做到这一点，要求我们把工作重心放在预防上，在每一个工作场所、每一个生产环节、每一项工作任务，直至每个员工身上都不留下任何可能的纰漏及管理的死角。

美国一名9岁男孩没有机票却混上两趟航班，从华盛顿州横穿美国飞到了得克萨斯州。据调查这个叫瑟玛的小男孩正上四年级。他先后两次登机，先从西雅图飞到菲尼克斯，再转机飞到了圣安东尼奥，在那里，他准备第三次登机时才被发现。美国西南航空公司发表声明说："瑟玛在西雅图登机时谎称自己的母亲已进入候机区域，而且向有关人员提供了与电脑记录中另一名乘客相匹配的信息。"运输安全局发言人则说："瑟玛有合格登机卡，这表明他已通过安检，至于他如何从西南航空公司获得登机卡那是航空公司的事。"一个美国议员说："我们耗资数十亿美元，劳师动众、确保航空安全，我们以为做到了，结果一个9岁男孩轻而易举地突破了这些措施。"

无票、无身份证、无登机牌竟然能够突破层层防线，顺利登机到达目的地，听起来仿佛是天方夜谭，却是实实在在的事实。

仅仅是偶然因素造成的吗？肯定不是！如果人们能冷静、理智地分析产生问题的原因，就会发现在偶然事件的后面潜藏着必然性因素。无票乘客登机的过程中，如果能有一个环节把住关口，规范操作，保证每一道关口都"零缺陷"，那么无票乘客必然难以达到目的，事故也就不会发生。

在这些关口中都制定有明确的工作职责和工作程序以及岗位操作规程，还有各级督查体系，只要有一个岗位能认真执行岗位职责、有一个督查部门能认真履行工作职责，就可以堵塞漏洞，防止无票乘客登机。然而，所有的关口和体系竟然全部失效，最终导致无票登机事件发生。各项规章制度没有真正落实，各级监督检查没有到位，系统监控形同虚设，整个安全管理系统仿佛处于瘫痪状态，无票登机事件还能说是偶然发生的吗？肯定不是，在如此状态下的安全管理系统出现问题是必然的。

安全生产是一个永恒的主题，又是一个非常复杂的系统工程，涉及企业多个部门、多个岗位、多个方面，任何一个环节出了问题，都会导致重大的安全事故，造成不可挽回的损失。只有提高安全意识，及时发现事故征兆，消除事故隐患，严格遵守操作规程，认真执行安全制度，才能把事故降到零。

⚡ 5. 人人"会安全"，才有真安全

"我要安全"，激发的是我们每一个人对于安全的渴望，自觉、主动地去要求安全。有了这样的意识，我们在做任何工作的时候，都会以"安全"为准绳，以"安全"为标准，从而循规蹈矩、严守章程，保证生命的安全。但是，到底我们应当怎样去做才是安全的呢？怎样区分安全和危险呢？这就需要我们还必须有"我会安全"的意识，积极参加各种安全教育培训，不断学习各种安全知识，从事故源头控制不安全行为，减少或避免事故的发生。只有"会"了，才有资本去讲安全，"会不会"决定"可不可以"。

如果你什么安全技能都没有，明明前面是危险的，虽然你知道安全第一的重要性，可是你根本分辨不出安全和危险，那么就必然还会往前走，危险临近却不自知，还有什么比这更危险的呢？你根本就不懂安全，

不会安全,又如何保证安全呢?

那么,怎样才能"我会安全"呢?毫无疑问,积极学习各种安全知识,掌握各种安全技能,是根本的途径。只有学得"百般武艺",才能"百毒不侵"。

人是生产过程中最活跃、最有效、最主要的因素,而人又是最不稳定的因素,人的不安全行为是诱发事故的主要原因。比如化学企业,在生产中所用的化工原辅料绝大部分具有易燃易爆、有毒有害、腐蚀性强等特性,生产工艺又具有高温高压、复杂多变的特点。操作人员如不了解这些特点,不严格遵守安全操作规程,一旦工况出现异常就会手忙脚乱,稍有疏忽,就会导致事故的发生,危害生命。

某石化分公司合成橡胶厂聚丙烯车间安排清理罐内的粉料。某天下午,对罐内气体采样分析,可燃气体远远超标,车间技术员违章指挥,安排民工清理。但瞬间就发生了爆炸,火柱从入孔处喷出3米高。在罐内作业的3名员工及罐外2名监护人员被不同程度烧伤,2人抢救无效死亡。事故的直接原因是高压丙烯回收罐置换不彻底,罐内的残存气体及聚丙烯粉料被搅动过程中挥发出丙烯气体,与空气混合形成了爆炸性混合气体,作业过程中使用的铁锹与罐壁摩擦产生火花,引起闪爆,导致事故发生。

企业抓安全管理,也必须从安全教育入手,员工要从学习安全知识和安全技能入手,首先要控制人的不安全行为。人的不安全行为除由于缺乏安全知识外,还由于对安全缺乏准确的认知和思想麻痹。因此,必须通过教育来提高员工对安全的认识,使员工从思想上高度重视安全生产,提高自我的安全生产意识。此外,通过教育增长了员工的安全知识,提高了员工的安全文化素质、自我保护能力及判定事故、处理事故的能力,起到防止事故发生、减少职业危害的作用,必然会促进企业的安全生产。特别是安全知识和安全技能,更是"我会安全"的最基本前提。

只有通过学习，努力提高自身安全素质，才能保护生命安全不受侵犯，不会干出误人误己的蠢事。

在一大型水利枢纽建设工地上，一名上岗不久的年轻职工，没有经过培训，也没有学习安全技能就匆忙上岗了。这天在拆除大坝脚手架时，不知道要从上往下拆除才安全，竟然先拆除脚下的支架，结果造成脚手架上3名工人坠地身亡。他也失去了双腿，终身残疾。

身亡的职工中，其中有一位本来就家境贫寒，他的突然离世，使整个家庭陷入了悲痛和困顿，年幼的儿女失去了父亲，年轻的妻子失去了丈夫，家庭失去了支柱，也失去了经济来源。最让人心酸的是，每当他年迈的老母亲提起儿子的时候，总是抚摸着儿子的照片，泪流满面，悲痛欲绝，难道这个世界上还有比白发人送黑发人更残酷的事情吗？

造成事故的年轻人，每每提及当时的一幕，提起因他而死的3位同事，只恨这世上没有卖后悔药的，抚摸着已萎缩的残腿，唉声叹气："你说我这图的什么？要是在学习安全知识的时候能再认真一点，跟师傅学习技术的时候能够再用心一点，也不会犯下如此大的错误，工作没干好、身体也成了这样，害了自己也害了别人。"

"会不会"决定"能不能"，连基本的安全知识都不懂、基本的安全技能都不会的员工是不可能做到安全生产、守住安全职责、保护生命安全的。安全知识是职工安全生产的基础，也是每一个员工面临危险时基本的自保手段和措施。拥有安全知识，就拥有了对生命安全的基本防线，才能正确、切实地执行各项安全制度。为了自己的安全，为了别人的安全，为了大家的安全，每一个员工都要努力学习安全知识，真正做到"我会安全"，才能拥抱真正的安全。

第七章 培育安全习惯：良好的行为习惯使安全事故为零

不良的行为习惯，极易诱发安全事故。日常工作中我们也很容易发现，有着良好的安全习惯、从不违章违纪的员工，很少会发生事故；而那些习惯不良、总在违章违纪的员工，往往就是事故的肇事者也是受害者。要杜绝事故，实现「零事故」目标，就要着力培养安全好习惯，改掉安全坏习惯。

⚠ 1. 习惯决定安全，更决定命运

心理学巨匠威廉·詹姆士说："播下一个行动，收获一种习惯；播下一种习惯，收获一种性格；播下一种性格，收获一种命运。"一个人一天的行为中，大约只有5%是属于非习惯性的，而剩下的95%的行为都是习惯性的。

可见，习惯对我们有着很大的影响，因为它是一贯的，在不知不觉中，影响着我们的行为，左右着我们的安全。既然习惯的力量如此惊人，那么养成安全的习惯必然将使我们更加安全。可如果养成了坏的习惯，后果也是不可想象的。

从前有一个小和尚出家后，开始学剃头。老和尚先让他在冬瓜上练习，小和尚每次练习完剃头后，都将剃刀随手插在冬瓜上。老和尚说，你这样不行，养成习惯后会出事的，小和尚却不以为意。后来小和尚出师了，第一次给外面来进香的施主剃头，剃完后，小和尚随手就将刀插在了施主的头上。

习惯指长时间逐渐养成的、短时间内不容易改变的行为、倾向。也就是说是长期行为导致的惯性行为。就像这个小和尚一样。

习惯的力量是相当强大的，习惯不仅决定安全还决定一个人的命运。习惯一旦养成，要更改就很难了。但并不是说改不过来了，只不过要花

更多的力气才行。所以，要改正坏习惯一定要趁早，在刚出现坏习惯的苗头时就及时纠正，效果会好得多，也容易得多。

对于员工来说，他的工作可能是与人交流，也可能大部分时间是与机器打交道，每个人都会形成自己的工作习惯。如果形成了违章的工作习惯，那安全必然无法保障，事故也就不可能避免。

某矿业公司推土机工王某加油后，发现44号推土机不能启动。班长刘某检查为电瓶缺电，决定采取用勾车（将另一台车的有电电瓶和缺电车的电瓶相连接启动缺电车）的方法处理。因为44号推土机靠近油库，不便操作，刘某便驾驶36号推土机在44号推土机右侧用铲刀将44号推土机顶着向前行进了5米左右，这时，刘某听到油库工司某大声喊叫，就赶紧停车，停车后发现王某倒卧在44号推土机左侧履带前端地上。原来，刘某在推车前未发现王某站在左侧履带后方，推车时把王某绞入履带与上方走台之间，使王某随履带移至前端，身体受到挤压受伤，送到医院抢救无效死亡。刘某违反安全确认制的规定，违章贸然动车是这次事故发生的直接原因和主要原因；王某站在履带上操作，违章行为也是这次事故的直接和主要原因。

某厂热塑班班长李某带领本班另外三名班员在Q11—6×2500型剪板机上剪切钢板。李某将全班分为两组，在同一剪床上同时作业，由李某负责控制脚踏开关。作业进行到3点10分左右，李某在送钢板时，右手伸进了剪板机的剪切面，并在此时误动了脚踏开关，剪板机瞬间动作，将李某右手食指、中指、无名指剪断。

剪板机安全操作规程明确规定："在设备运转时或未停电时，禁止将手伸入剪板机压脚内取放工件。""严禁两人在同一剪床上同时剪切两件材料。"李某却无视安全规程，在送钢板时竟将手伸入了剪切面，属于违章操作。虽然没有伤及性命，却对自己造成了重大的伤害。如果当初作业时，将安全操作规定落实到位，他就不会失去自己宝贵的手指了。

仔细来看，几乎所有的事故背后都有习惯性违章违纪的魔影在飘动，都是习惯性违章这把杀人的利刃在作祟。我们都听过、甚至说过这么一句话：安全规章是用鲜血和生命写成的，无须用鲜血和生命去验证。为什么要制定这些规章制度，为什么要有那么多条条框框的限制和束缚，为的就是让这些血的事件不再重演，保证每一个员工、哪怕是从事危险工作的员工也可以安然无恙，平安顺利。但是为什么违章行为却屡禁不止、屡教不改呢？因为习惯是一种强悍而顽固的东西，它能轻易地左右人的思想、意志和行为。

著名的成功学大师拿破仑·希尔说："我们每个人都受到习惯的束缚。"习惯是由一再重复的思想和行为形成的，好的习惯带你走向好的生活、走向成功、走向辉煌，而坏的习惯，只能引领你走向邪恶、走向失败，甚至走向毁灭。特别是对于安全而言，这更是一条颠扑不破的真理。养成违章的习惯就只能走向毁灭，养成守章的习惯便可以享受成功。

俗话说，习惯成自然。尤其是在我们的工作当中，疏忽大意一旦成为一种习惯，违章违纪就会成为一种自然而然的行为，事故终有一天会发生。

某氮肥厂合成车间在上班后进行投料开车，9时25分，转化岗位操作人员王某来到辅锅处准备点火；9时43分，辅锅发生闪爆事故。事故造成辅锅外墙变形，整个合成装置被迫停产7天，直接经济损失近9万元。

事故调查认为，辅锅点火，正确操作程序应该是先伸火把，后开燃油。转化岗位操作人员王某在点火时按经验办事，先开燃油，后伸火把。由于以前辅锅燃油使用柴油，柴油挥发性较差，从未发生闪爆事故。然而此次燃油已改为焦化汽油，焦化汽油极易挥发，且爆炸范围较小，王某却仍然按照原来的方式进行操作，于是发生了这起辅锅闪爆事故，给企业造成了巨大的损失。

违章成了习惯，就是习惯性违章，专指那些违反安全操作规程或有章不循、坚持、固守不良作业方式和工作习惯的行为。生产过程中，习惯性违章是人的不安全行为所导致的各类事故的罪魁祸首，是一种违反安全生产客观规律的盲目行为。

习惯性违章是一种长期沿袭下来的违章行为，是不安全行为长期没有得到有效纠正，习以为常、习惯成自然的一种恶习。它具有四大特点。

（1）顽固性特点

习惯性违章是由一定的心理定式支配的，并且是一种习惯性的动作方式，因而它具有顽固性、多发性的特点，往往不易纠正。

（2）潜在性特点

一些习惯性违章行为往往不是行为者有意所为，而是习惯成自然的结果。由于人们看得多了，习以为常，所以根本没把它当回事，"身在险中不知险"，容易使人对违章现象丧失警惕性；尤其是有着长期从业经验的人，由于最初对安全没有上心，积习难改，更是以经验论事。

（3）传染性特点

据对现有一些职工存在的习惯性违章行为的分析，他们身上的一些"不良习惯行为方式"，不是他们自己"发明"的，而是从老职工身上"学来"的，看到老职工违章操作"既省力又没出事"，自己也盲目地效仿，而且又用自己的习惯性行为去影响新的职工。以至于这些不良的习惯性行为如不彻底根除，必然导致一脉相传，代代如此。

（4）排他性特点

有些习惯性违章的工人，对安全规程根本学不进，不遵守，总认为自己的习惯性方式"最管用"，而安全规程是"可有可无的东西"，其结果必然严重地妨碍安全规程的贯彻执行。

习惯性违章是造成事故的一大根源，一些事故是习惯性违章的必然结果。由于习惯性违章的存在造成了某些单位一些同类事故的重复出现，事故成因几乎也大同小异。因此一定要对习惯性违章疾恶如仇，一经发现，就必须坚决纠正。

"要养成好习惯，就必须克服坏习惯。""一个钉子挤掉另一个钉子，习惯要由习惯来取代。"就是要用理智的力量迫使自己去遵守好的行为，久而久之就会养成一种自动的、自然而然的好行为习惯。用好习惯来取代长期养成的坏习惯，将自己所意识不到的习惯性违章用平时所养成的好习惯来克服它，才能彻底根除违章违纪的不良习惯。

好习惯就像是人生的"银行"，一旦养成，人在一生中都会享受着它的"利息"。行为养成习惯，习惯决定人生。好的习惯造就好的人生，而坏习惯将毁灭人生。要除掉坏习惯最好的办法就是培养好的新习惯，开辟新的思维方式。正所谓习惯成自然，古罗马诗人奥维德曾经说过坏习惯是在不知不觉中养成的。坏的习惯并不可怕，关键在于我们要经常反省自己，意识到自己有哪些坏习惯，要有坚强的意志、坚定的决心，义无反顾、坚定不移地去改变，这样才能保证自己的安全，也掌握自己的人生。

2. 事故的诱因就藏在坏习惯之中

在日常生活中，一些看起来微不足道的坏习惯，如操作上的小缺陷、不良的行为习惯、疏忽大意的心态、盲目侥幸的心理，都是酿成事故的最大祸患。许多惨痛事故的发生都是因为这样的坏习惯所致。可以说，每一个坏习惯都有可能成为安全事故的诱因。

小陈是某化工厂的一名机修工。小陈有个爱好，就是打牌，往往一打就是一整天，为此领导也多次规劝他不要迷恋牌桌，在上夜班后，白天一定要睡觉，否则上夜班时会因为瞌睡而影响工作。但小陈却并没有太在意。

这天，轮到小陈上夜班，可他白天却和几个朋友玩了一整天的牌，直到晚上 8 点上班时才从牌桌上下来。由于白天没有睡觉，致使 12 点刚过，小陈就瞌睡难忍，趴在桌子上睡着了。凌晨 2 时 30 分，酸解岗位上的一名操作工匆匆地跑到值班室，喊醒小陈说岗位上的一浓硫酸输送管道堵塞了，叫他赶快去疏通。此时，由于太瞌睡，那名操作工一连说了好几遍小陈还不能完全清醒。迷迷糊糊的小陈急忙抓起工具箱，磕磕绊绊地赶到了故障现场。

操作工提醒他按照公司涉险作业规定，检修、疏通硫酸输送管道必须先到夜间生产调度处办理涉险作业审批申报表，由生产调度派员到现场落实各项安全防护措施及责任人，作业人员必须穿防酸工作服，戴防护脸罩，同时现场要接通自来水管或放置一桶清凉水。而此时的小陈还沉浸在浓浓的睡意中，心里想的是赶快干完活好回去睡觉，所以什么手续也没办、什么防护也没做。对操作工的提醒小陈辩驳道，规定是死的，人是活的，那些手续只是走走形式，防护服穿着太热，不舒服，再说了这活也不是第一回干，都多少回了，闭着眼睛都能干好。

但这一次，闭着眼睛的小陈没能干好，意想不到的事终于发生了。开始拆卸硫酸输送管道结头处的阀门时，管道里残余的浓硫酸一下子喷了出来。如果是严格按照安全规程操作的话，一旦有残余的浓硫酸喷出，检修人员立即迅速地跳到一旁，躲避硫酸的喷洒，而防护衣帽可以保证操作人员不会受伤。而此时的小陈因为瞌睡犯困反应不敏捷，也没有按规定穿防酸服、戴防护脸罩，只穿了一件衬衫，浓硫酸直接喷洒到他的脸上、胸部、双臂、两条大腿，火辣辣的，疼痛难忍。出现这种情况，如果现场接通自来水管或有一桶自来水，可立即用大量清水清洗，可减少伤害程度,但他没有逐一落实安全措施。情急之下,在一旁帮忙的操作工急忙拿起旁边的一根水管朝他身上喷洗。可没想到这根水管是车间的回水管,水温有六七十度,热水冲到小陈的身上,浓硫酸反而起了反应。小陈立即前往不远的卫生间用水冲洗,但已经晚了,小陈已经被浓硫酸严重烧伤,最终不治身亡。

爱打牌,这样的爱好和习惯很多员工都有,大家也都习以为常,并没有认识到这样的习惯和爱好有什么不好,更不会想到这样的爱好与我们的安全有多大关系。但通过小陈的经历,我们可以清楚地看到,哪怕是司空见惯最不起眼的习惯,其中也很有可能隐藏着巨大的安全隐患。

比如开车时打电话,恐怕很多人都有这样的习惯,但是有多少人知道开车打电话容易造成注意力不集中,不能及时应对路面突发状况,存在极大安全隐患,极易造成安全事故?

又比如随手乱扔工具,不按要求使用工具等行为,为后面的操作留下不便,甚至产生安全威胁但又有多少人坚决改掉了这样的坏习惯?为了安全,我们一定要改掉这些不好的习惯,养成良好的习惯,重视安全,敬畏安全,这样不仅有利于我们的人生,更有利于我们的安全。

有几个实习生准备报名去一家工厂应聘电工。负责招聘的师傅把几个实习生召集到一起后,并没有向他们提问一些专业性的知识,而是像拉家常一样问大家:"你们害怕电吗?"实习生们为了表现自己都纷纷说不怕,只有一个学生低声说道:"我怕电。"其他实习生都认为这个害怕电的同学太懦弱,肯定会被淘汰。结果反而就是这个同学被录取了。当这名同学后来问起来为什么说怕反而被录取时,师傅这样回答:"敬畏并不是缺点,敬畏其实是一种素质。我们知道你对电不是害怕,而是敬畏。如果你真的害怕的话,你就不会应聘这个岗位,会远离它,而敬畏会使你下定决心好好研究它,最终掌握它。因为敬畏,你会小心翼翼,这样会少犯许多错误。要知道，很多错误都是致命的，它永远不会给你改正的机会。"

原来，这个厂的一名电工因为大大咧咧的习惯，认为自己技术精熟，对电了如指掌，因而不管多危险也从不畏惧，大胆地上。但就在不久前，他在修理一台变压器时，手不小心搭到相邻变压器的铝板上，当场身亡。

有安全习惯才能有安全结果，任何不安全的习惯都会埋藏着安全的隐患。如果不能改变这样的习惯，终有一天，隐患就会大胆地跳出来，伤害我们，事故就不可避免，我们再怎么后悔，也都完全没有用了。要安全，要"零事故"，就要从养成良好的习惯开始，良好的安全习惯才是实现"零事故"的保险丝。

3. 习惯遵章守纪，事故就会远离

安全由习惯决定，习惯遵章守纪，就会平安无事，习惯违章违纪，就会事故不断麻烦不止。因而工作中的每一个作业细节，都需要我们养成认真谨慎、一丝不苟的好习惯。无论做什么工作都不能有"少说一句不要紧、少看一眼没问题、少走一步无所谓、少做一个动作不碍事"的"四少"行为。也许我们稍一疏忽，就会带来安全事故，遭遇灭顶之灾，养成遵章守纪的好习惯后，"零事故"也才有可能。

英国99岁的老人乔治·格森，已经连续84年安全驾驶近160万公里，却从没有收到一张超速罚单,或引发任何事故,被称为英国最老、最安全的司机。

格森先生开车不违章、不发生事故的绝招就是安全第一,并且他一直都很注意遵纪守法。他说:"我总是告诉自己,如果我遵纪守法,那就没理由害怕任何人和任何事。""我们以前认为每小时开96公里就非常快了,但是现在人们都要开160公里,这对我来说太快了。"令人惊奇的是,格森先生从未参加过驾驶考试,他在1925年15岁的时候拿到的驾照。他说:"那时根本无须通过驾驶考试,就会拿到驾照。"迄今为止,他已经拥有和开过几十辆汽车和摩托车,而且从未发生过一起重大事故,也没收到过罚单。

格森先生的要点就是注重安全、小心驾驶。这个小心并不是害怕什么人,也不是害怕什么事,而是对生命的尊重,对安全的敬畏,只有这样才能使自己始终保持良好的安全习惯让事故远离自己。安全生产其实和开车一模一样,要想安全,就必须要百分之百地遵章守纪,绝不越雷池半步。

大量事实说明,许多工伤事故的发生,正是由于人们的坏习惯,给安全生产带来严重的隐患,致使事故如恶魔般扑向人们,带来了永远无法抹平的伤痕。只有养成遵章守纪的好习惯,才能保证安全,否则,再好的规章制度也是一句空话。

一架航客机在跑道起点加到起飞马力后开始滑跑。滑跑960米达到决断速度204公里/小时,滑跑1018米达到抬前轮速度215公里/小时,滑跑1198米达到离陆速度230公里/小时,滑跑1968米时最大速度达到270公里/小时。此时距跑道末端只有178米,飞机始终未能离开跑道,继续滑跑,经过60米的安全道、360米的草地和监条宽6.8米、深1.5米的水沟,以210公里/小时的速度撞在一条2米多高的防洪堤上,并越过防洪堤于空中解体，坠地起火。残骸主要分 3 部分散落在约 5000 平方米的范围内。机身、机翼被烧毁，机身前部被撞碎，机身尾部落在一水塘中。

导致这起事故的直接原因是，机组未把飞机全动式平尾调整到与飞机重心相适应的角度起飞，致使飞机始终未能离开地面。根本原因是机组未严格按照该机型《飞行操作指南》进行操作。

其实我们仔细分析已经发生的事故，又有几起不是因没有遵守制度造成的恶果呢？人的生命仅有一次，一旦丧失就无法再次拥有。作为员工，要时时刻刻严格遵守各项安全管理规章制度，促进安全管理工作标准化、精细化、规范化，消除身边不安全的状态和不安全因素，切实养成遵章守纪的安全好习惯。

好的安全规章制度来自科学的经验和生产的实践，是从事故教训中总结归纳出来的，所以，自觉执行安全规章制度，就是牢记血的教训，尊重科学，按照客观规律办事。自觉执行规章制度，就能够最大限度地避免事故。有首打油诗写得好：

操作规程是个宝，一条一条要记牢；
生产作业要遵守，监督检查别烦躁；
设备故障停了找，任务不用赶和跑；
班前班中提醒到，利益只多不会少；
马虎出事会迟早，安全第一赚到老。

怎样才能养成遵章守纪的好习惯？首先，要拥有安全第一的使命感，强烈的安全责任心，兢兢业业、严谨细致的工作作风；其次，要有严谨的自觉自律精神，时刻提醒自己注意安全，戒除各种不安全心理状态，始终将安全规程作为自己的行为指南，坚守职责，严守规章。绝对不会未经许可开动、关停、移动机器，或是未给信号就开动、关停机器；绝对不会用手代替工具操作；绝对不会把工具、特料或是机具乱扔乱放；绝对不会冒险进入危险场所、危险搭车、危险攀爬、蹬坐；绝对不会在起吊物、危险悬挂物下作业、停留、休息；绝对不在机器运转时，进行加油、修理、检查、调整、清扫等工作；绝对不会酒后作业、带病作业、疲劳作业、带情绪作业。

养成遵章守纪安全好习惯的员工一定会做好自身的防护，绝对不会不戴护目镜或面罩，不戴防护手套，不穿绝缘鞋，不戴安全帽，不戴呼吸护具，不系安全带；习惯于遵章守纪的员工也绝对不会有侥幸心理、逞能心理、自负心理、冒险心理、好奇心理，他们知道任何一次违章，都有可能带来不可想象的后果，哪怕是小小的一次违章，因而只要在岗，他们一定是最循规蹈矩、踏踏实实、认真负责的员工。

有遵章守纪习惯的员工不仅能保证自己的安全、别人的安全、企业的安全，还能把工作做到最好，做出效益，做出成绩。

4. 改正安全坏习惯，避免"血的教训"再上演

世界上最可怕的力量是习惯，世界上最宝贵的财富也是习惯。好习惯能使我们有个好前程，好事业；坏习惯能毁坏我们辛苦建立起来的基业。著名教育家乌申斯基说过："如果你养成好的习惯，你一辈子都享受不尽它的利息；如果你养成了坏的习惯，你一辈子都偿还不尽它的债

务。"这绝不是危言耸听，一个个已经发生，或正在发生的事故教训已经证明了这一点。

某省一处220千伏甲变电站因人员违章作业，造成主变跳闸，事发后未如实汇报；随后雷击线路发生接地故障，因甲变电站主变退出，该地区电网的零序阻抗和零序电流的分布和大小发生了极大的变化。继电保护装置不能正常动作，导致7个110千伏变电站停电，该省南部电网瓦解继而大面积停电的重大事故，事故损失电量5.48万千瓦时。

某矿掘进二队老周和工友们入井来到碛头，班长安排老周和小吴、小张负责打眼放炮，其余人则准备所需车辆。分工完毕后，小张对老周说："我们还是先处理安全，把锚杆打到碛头了再打眼，这样施工才稳妥。"

老周却不以为然："没事儿，你看顶、帮都好好的，我拿撬棍理一下就行了。"说完，老周就开动风锤忙了起来。

不一会儿，只见小吴跌跌撞撞跑了出来："快，快救人，老周被垮下来的石头压着了！"

大伙儿急忙丢下手中的活，向碛头跑去。通过一番努力，才把老周从大石头下慢慢地救了出来。老周是班里的安全技术骨干，工作经验非常丰富，却因为违章作业，造成左大腿腿骨断折、破裂，小腿腿骨一处粉碎性骨折。

事后问起老周为什么会违规作业。他却一脸的不解："我也不知道，以前都是这么做的，可能是今天运气不好吧。"

这哪里是什么运气？坏习惯是违规的通行证，是事故发生的导火索。好习惯造就好结果，坏习惯酿成坏结局。那伤人性命、吞噬财产的熊熊烈火可能就是某个忘记掐灭的烟头；那从高空坠落的作业人员往往是因为不系安全带、不戴安全帽的疏忽。安全与危险只是一瞬间，坏习惯就是事故发生的催化剂，绝不是什么运气。

"我们平时都是这么做的，没事儿，你放心！""凭以往的经验，这样做应该没有问题"……这是很多人的口头禅。但实际上，正是这些他们习以为常的行为，最终使他们尝到了事故的苦果，领略了"血的教训"。

某高速公路曾经发生过这样一起特大交通事故。一辆大客车与一辆大货车追尾，结果造成12人死亡，41人受伤。据相关报道，这起事故是由于大客车司机习惯性作业发生意外而造成的。事故发生前，司机老李已经连续驾车9个小时，很困了，他就习惯性地点上了一根香烟来提神。就在他准备超前面那辆大货车的时候，从香烟上掉下还带着火星的烟灰一下子落到了他的腿上。由于当时是夏天，他穿的裤子又很短，他低头用手去弹烟灰，踩油门的脚由于烟灰的灼痛本能地一伸，车速猛地加快，就一下子撞在前面那辆大货车上，事故就这样发生了，12条鲜活的生命就这样永远地沉睡了，司机老李也被当场撞死，也许他永远不会明白他会为自己这样一个小小的坏习惯付出如此惨重的代价。

像这样看起来匪夷所思、难以置信的事故，追根究底，还是习惯在作祟，事故就这样发生了，而且如此残忍，如此惨烈，如此让人难以接受！也许，一个小小的习惯，在很多时候都无关紧要，就像我们有一万次违章，也许，有一万次的侥幸，但是哪怕只有一次的疏忽、一次的失误、一次的巧合，事故就会无情地降临到我们身边，那个时候我们再去后悔还有什么意义？就像司机老李，困了，抽根烟解乏，有什么不行的呢？夏天驾车，没按安全规定穿上长裤，似乎也不是什么大事，但一旦养成了这样的习惯，就埋下了安全的隐患，惨案就会发生。所以，改掉安全坏习惯，养成安全好习惯，才能避免血的教训发生。

习惯的力量是无形而又强大的，好的习惯可以让人终身受益，坏的习惯则像恶魔缠身，处处影响着我们的工作和生活。人的知识是学出来的，人的能力是练出来的，人的习惯是培养出来的，时刻注意自己的行为，告别坏习惯，养成好习惯，远离事故，拥抱安全。

5. 培养安全好习惯，安上预防事故的"避雷针"

很多安全事故的发生，表面来看有这样或那样的原因，但深究起来，坏习惯的"负作用"占很大比例。养成良好的安全习惯，才能为预防事故安上"避雷针"，实现安全"零事故"，保证自己的安全，也保证岗位的安全、生产的安全、企业的安全。杜邦公司值得学习。

美国杜邦公司被称为全球最安全的地方之一，其实在杜邦公司200年的历史中，前100年的安全记录并不理想。1802年公司成立时以生产黑色炸药为主，发生了许多事故。1815年，杜邦工厂爆炸，9名工人罹难，损失2万美元。1818年，更严重的大爆炸夺去了40名工人的生命，而那时整个杜邦工厂也只有100多人，损失12万美元。其中这次大的事故就是因为员工过量饮酒违规操作造成的。血淋淋的事故让杜邦公司认识到了安全的重要性，认识到职工坏习惯的危害，开始着手从各方面加强安全。

比如，杜邦公司无论召开什么规模的会议，主持人首先要讲的第一件事情一定是安全出口和紧急逃生的内容，以防不测事件的发生。尽管领导者及所有参会人员对会场已十分熟悉，无须再讲也能准确找到出口位置并快速疏散，但杜邦公司并不因此而取消这一会议程序。这虽然是一个很小的且有点程式化的举动，但在员工心里产生的安全动力和潜移默化的作用却不可低估。

杜邦公司安全管理之严格，已经到了近乎苛刻的程度。比如，进入微机室，就必须戴上安全防护镜，否则就是违章；工厂每一个出入口的上方都必须有指示灯并能保持长明；每个车间都安装有安全沐浴器，包括紧急冲淋器、洗眼装置；杜邦上海公司针对药生产的特殊性，对员工的工作服的存放、清洗和废旧制服的处理都做出了严格的规定，要求员工不得将工作服带出厂外。

为使员工养成良好的安全习惯，杜邦公司对员工的行为进行严格控制，不能容忍任何偏离安全制度和规范的行为。杜邦的任何一员都必须遵守公司的安全规范和安全制度。如果不这样做，将受到严厉的纪律处罚甚至解雇。杜邦公司甚至还要求员工在工作外的时间里也要做到安全，提出"把工人在非工作期间的安全与健康作为我们关心的范畴"。杜邦公司对员工的要求看起来近乎琐碎，"上下楼梯要手扶扶手""上车后的第一件事永远是系安全带（不分前后排）""不能因贪图美味而去安全设施不完备的小店，在就餐时要选在饭店一楼靠门口的地方""出差住酒店要选择比较低的楼层""开会或搞活动的第一件事是安全，要让所有人知道安全通道在哪儿""停车一定要车头向外""工作时一定不要奔跑""开车时绝对不能接、打电话（不管是否用耳机）""抽屉不用时请关好""不要边走边看文件""铅笔必须笔芯朝下插在笔筒内，喝水时手里不能把玩东西"……杜邦就是用这些严苛的规章制度，终于利用100年的时间形成了完整的安全体系，并且长此以往严格安全训练和要求，使杜邦公司的员工对安全几乎形成了条件反射，一些安全要求动作甚至成了员工们平日的"习惯性动作"。

正是由于杜邦公司员工有着这样的良好习惯，杜邦公司一直保持着骄人的安全纪录：安全事故率比工业平均值低10倍；杜邦公司员工在工作场所比在家里安全10倍；超过60%的工厂实现了零伤害；公司在世界范围内的许多工厂都实现了20年甚至30年无事故,此事故是指休息一天以上的因公受伤造成的病假;30%的工厂连续超过10年没有伤害记录。

就这样,杜邦公司对安全的高度重视和长期以来形成的良好的安全习惯,使这个本应当是世界上最危险的地方却成了全世界最安全的地方。可见,良好的安全习惯,就是最大的安全保障,是预防事故最有效的"避雷针"。

大家一定对"5·12"四川汶川大地震中闻名遐迩的绵阳市安县桑枣中学记忆犹新。惨绝人寰的汶川大地震,造成大量人员伤亡和失踪,全世界为之哀恸,而就在这块破碎的大地上,却出现了生命的奇迹。四川安县桑枣中学紧邻北川,在汶川大地震中也遭遇重创,但由于平时的多次演习,地震发生后,全校31个班的2200多名学生、100多名老师,从不同的教学楼和不同的教室中,仅用1分36秒全部冲到操场,毫发未损,靠的是平时重视安全的好习惯。

从2005年起,桑枣中学每学期进行一次模拟停电、垮塌、暴雨、地震等紧急情况的疏散演习,每个班级的疏散路线都一一定好,每个班级的前4排学生走教室前门、后4排学生走后门,这一规定要绝对服从。据说这些演练活动曾经遭受过讽刺挖苦,也让很多师生反感,可校长却不为所动,持续坚持。

由于常年演练,由开始的游戏变成后来全校高度一致的自觉行动,疏散动作由"习惯"变成了自然,疏散时间也由9分钟缩短至1分30多秒。2008年5月12日14时28分,桑枣中学常年坚持的好"习惯",终于产生奇效,挽救了2200多条鲜活的生命,创造出了世界闻名的"桑枣奇迹"。

好习惯都是养成的。平常没有经过严格的安全训练，没有养成良好的安全习惯，就会在事故中造成不应有的伤亡。有关部门对我国国民安全素质抽样调查显示，48.6%的人在火灾发生时不懂得如何逃生自救；46%的人对突发事件的应急方法和措施了解有限，26.6%的人根本不了解；47.6%的人认为自己无法面对突发情况，自我逃生。

无数事实证明，当危险迫在眉睫或正在发生时，良好的安全习惯正是我们的"救命绳"。只有那些养成了安全习惯的人，才有可能避开灾难，平安生存。

在生产经营中一些违章违规的不良习性，不是与生俱来的，而是源于平时养成的坏习惯。比如手扶钢绳以致受伤、不佩戴安全帽以致头部被砸伤或撞伤、不背挂安全带在高处行走以致摔伤、习惯性地舞动工具对他人造成直接伤害、维修设备不安放明显警示牌以致其他人开动电源导致事故等。从这些安全事故中不难看出，养成良好的习惯在安全工作中是多么重要。

所以，不管不安全的坏习惯在我们心中有多深的根，有多大的基础，我们都要不惜一切努力改变它根除它，并在工作、生产、日常生活中养成一种良好的、积极的安全习惯。

好习惯的形成，也不是一朝一夕的事情，必须长期坚持。只有充分认识到养成好习惯的重要性、在心灵深处建立起对好习惯的渴望及建立必须让人们养成和遵守好习惯的约束机制，才能逐渐铲除"习惯性违章"赖以生存的"土壤"。

要改变不好的安全习惯就要从树立良好的安全行为和安全习惯做起。工作前要对自身的劳保用品穿戴进行确认，安全帽的安全绳要在下巴下系好，鞋带不得露出过长，作业中所用的工具、物件等要收捡到可靠的地方或用铁线绑牢，更不要抱着侥幸心理从吊物下穿行，不要和机车抢道，检查好现场之后才开始爆破，等等。

在日常的生产中，不说违章话，不干违章活，按规律操作，提高自身业务管理水平、操作水平和操作技能。

在日常生活中，也要培养积极乐观的心态、设定自己工作生活的目标、合理控制时间提升效率、不断学习专业领域知识用于指导或持续改进工作，那么，依赖这些良好的习惯，我们的生活质量将会得到进一步提高，工作也将会更上一层新台阶，事故也就必然会远离我们。

第八章 重视安全细节：从细微处消除事故发生的可能性

很多时候引发事故的恰恰是容易被忽略的小细节。西方有句名言说「魔鬼就藏在细节里」，许多安全事故的背后也都可以看到细节的魔影在闪动。要消灭事故，就不能放过细节，就需要我们小处用心、细处发力，在细、精、实上下功夫，把细节做到完美，让安全落到实处。

⚡ 1. 安全在于细节，细节决定安危

细节是大海里的一滴水，它可以映射出安全生产工作的水平；细节是鞋里的一粒细沙，它可能会导致你攀爬安全生产高峰时疲惫不堪。在很多时候，安全其实就是由细节决定的。注重安全细节，不忘安全小事，才可以保证安全、消除危险，否则，就会尝到小事导致的事故苦果。

职工张某在车床加工零件时违章未穿操作规程要求的"三紧"服，在其检查机械加工情况时，不慎使袖口毛线头被高速旋转的工件缠绕，引起头部被卡盘猛烈撞击，后经抢救无效死亡。

职工程某在夜间操作叉车装石膏板过程中，由于卡车司机将卡车挡车板随意放置在叉车装货运行路线上，引起叉车司机在视线被所装货物遮挡的情况下而违章前行驾驶叉车，同时卡车司机又因卡车换件维修等事项，背对叉车并蹲着打电话联系车主，未注意叉车运行情况，最终被叉车碾轧死亡。

施工人员片某在对一截面1100毫米×1600毫米，高2300毫米钢筋混凝土柱子拆除过程中，违章使用风镐掏空构件底部，对裸露的钢筋进行切割，造成构件突然倒塌，片某并未察觉被压在下面，后送往医院抢救无效死亡。

这样的事故每天都在我们身边发生，事故的结果如此惨烈，可当我

们细究原因时却会发现，竟然是因为如此不起眼的小失误，这不得不令我们深思。

那些"看似细微之处"恰恰是引发事故和死亡的原因：操作车床违章未穿符合要求的工作服，叉车操作人员视线被挡违章直行，拆除2米多高的混凝土柱子时违章掏空底部四周进行施工。这一个个看似不重要的缺陷，这些"貌似不可能之处"，这些微末的细节，引发了一件件血腥的事故。这一桩桩血的教训无不警示、提醒着我们"安全在于细节"的道理！

但是工作中常常有一些员工忽视细节、轻视细节，抱着"螺丝少紧一扣不碍事、垫片少上一个没问题、作业简化一步不算啥"的错误态度，疏忽大意，马虎操作，殊不知恰恰是这些看似没什么了不起的细节，彻底毁掉了我们美好的生活。一粒微不足道的小沙子或小铁屑掉进柴油机的主机油道里或曲轴造成碾瓦；一颗小小的螺丝钉的松动，可能使航天器爆炸，使科学家的研究白白断送；司机在行车路上使用手机，可能会造成车毁人亡的重大交通事故，引发一次血案；一个烟头能引发一场巨大的火灾……

安全在于细节，细节决定安危。只有把细节做好了，做实了，做到位了，安全才有保障，事故才能避免。

⚠ 2. 控制自己的行为，魔鬼就藏在细节里

细节是什么？细节就是电解槽气缸上的一个接头，行车上一颗小小的螺丝，危险地段竖起的一块警示牌，进入车间时随手戴在头上的安全帽，喝开水时的一个杯垫，上岗之前的一声叮咛。细节很琐碎、很不起眼，但事故的魔鬼恰恰就藏身其间，窥伺着我们那不经意的一个个小动作，一旦你有任何一点细小的疏忽它就会随时猛扑过来，制造各种事故！

某消防队接到一个紧急电话，在107国道上有一辆载着黄磷的货车起火了。

"火情就是命令。"当他们赶到事故现场，发现一辆解放牌旧货车停在公路的一侧，上面装有几十桶黄磷。车上的火势并不大，只是有少数几桶黄磷在燃烧，大部分铁桶都还好好的，四周都是空旷的田野。这样的一个小火警，对他们来说简直是"小菜一碟"。

他们打开高压水龙头，在水流的掩护下，几个消防队员跑上前，迅速打开了车厢门，爬上了车厢，把铁桶一个个往下扔。在消防水流的冲击下，铁桶里的热水四处喷溅着，湿透他们的全身上下，他们也毫不在意。

他们完全疏忽了，这热水，已不是一般的热水，而是已经掺和了大量熔化了的黄磷的液体。

黄磷是自燃物品，自燃温度是30℃，不一会儿，车上的几个消防队

员马上变成了一团团的火球。为了抢救这总价值不过 3 万元的几吨黄磷，付出 180 多万元的伤员医疗治疗费用，还有 4 个年轻消防队员宝贵的生命。

　　小灾变成了大祸，其根本原因就是扑救的方法错误。黄磷起火，是最忌讳用带压消防水冲击的。他们完全不用打开车门，爬上车厢，只需用低压水流往车厢灌，让着火的黄磷再次浸没在水中就行了。如果注意到这样的细节，又怎么会出这样的事故？

　　魔鬼就藏在细节里。每一次对于安全细节的处理，都算得上是一次与魔鬼的较量，睁大眼睛找出魔鬼，我们就赢了，安全就属于我们；反之，如果我们没有找到它或是忽略了它，它就会溜出来给我们狠狠的甚至是致命的打击。所以我们在做任何事情之前，都要注重从细节入手，认真仔细，查漏补缺，绝不放过一点一滴的疏漏，不忽略任何细微的隐患，揪出躲在深处的魔鬼，打倒它，消灭它，安全才有保障。

⚠ 3. 关注细节，纠正小错误避免大事故

　　细节对于安全如此重要，对于生命如此关键，可为什么还是有那么多的人总是会忽略、会小看、会毫不在意呢？就因为他们的观念里没有一种安全细节的意识，没有真正认识到细节和小事可能会造成的严重后果，没有意识到即使是小小的错误也会引起无数生命的消逝！

　　西方有一句有名的谚语："一个小小的钉子会亡掉一个国家"，它

出自英国国王理查三世的一个真实的故事。

在波斯沃斯战役中，英国国王理查三世准备拼死一战了。李奇蒙德伯爵亨利带领的军队正迎面扑来，这场战斗将决定谁统治英国。

战斗进行的当天早上，理查三世派了一个马夫备好自己最喜欢的战马。

"快点给它钉好马蹄铁，"马夫对铁匠说，"国王希望骑着它打头阵。"但是铁匠钉到最后却发现差了一个钉子，正准备钉一根新的钉子上去，可是马夫等不及了，说："少一根钉子马也能跑吧，那就这样。真的等不及了。"

两军交锋，理查三世冲锋陷阵，鞭策士兵迎战敌人。"冲啊！冲啊！"他喊着，率领部队冲向敌阵。

但不幸的是他还没走到一半，一个马蹄铁掉了，战马摔倒在地，理查三世也从马背上摔下来跌到地上。亨利的军队包围了上来。

理查三世在空中挥舞宝剑，"马！"他喊道，"一匹马！我的国家倾覆就因为这一匹马！"

从那时起，英国就有了这条著名的谚语："少了一个钉子，坏了一只蹄铁；坏了一只蹄铁，折了一匹战马；折了一匹战马，伤了一位国王；伤了一位国王，输了一场战争；输了一场战争，亡了一个国家。"

一个看似不起眼的钉子却关系着一个国家的兴亡，这就是小错误引发的大错误，小细节铸成的大事故！这样的事例不胜枚举。

造成美国航天飞机"哥伦比亚"号爆炸、七名宇航员丧生的罪魁祸首竟是一小块泡沫材料。在"哥伦比亚"号发射升空过程中，一块重量不到两公斤的泡沫材料从机身下部的燃料箱上脱落，击中了航天飞机的左翼前端。如果及时做好修复工作，这对飞机并不能构成多大的威胁，但美国航空航天局高层对撞击可能给机体表面隔热瓦造成伤害的情况置之不理，想当然地认为这无所谓，结果在航天飞机重新进入大气层后，超高温空气从破损处进入机身内部，致使本来可以避免的悲剧上演了。

安全管理中有一句大家都知道的警语"小错误诱发大事故"，还有一句众所周知的警语"差之毫厘，谬以千里"。看起来只有微小的差别，但结果却判若云泥；看起来只不过是不起眼的细节，带来的却是惨烈至极的恶果。

小郭和小张是同一公司里的普通职工，正是他俩在一次整理房间时的失误铸下了大错。

根据公司的安排，小郭住在公司办公楼的一间房内，房间里存放着开矿使用后剩余的100支雷管，而离他房间不远，就是存放着大量炸药的房间。那天公司安排小张到小郭的房间一起居住。因房间较小，杂物又多，两人便开始打扫房间。可是，不知什么原因，他们竟然将房间里的杂物也转移到存放炸药的房间里，其中就包括那100支雷管。

这天凌晨3时，公司办公楼一楼最南侧存放炸药的房间发生火灾，导致雷管爆炸，引爆12吨的炸药，巨大而惨烈的爆炸当即将该企业夷为平地，并铸成了17人死亡、30人受伤的特大爆炸事故。

"谁来给17条鲜活的生命和数十位受伤的群众一个交代？"在法庭上，公诉人对被告人发出质问。公诉人的发问让被告人默默地低下了头。

无心之失也会因为后果严重让他们付出惨痛的代价，法律将会对他们这种不负责任的行为给予严惩。

无数血淋淋的案例有力地证明了细节对于事故发生的重大影响，细节对于生命的严重威胁。有很大一部分事故的发生都源于小错误，而高达98%以上的小错误是人为因素造成的，更令人痛心的是只要当事者态度认真，把事情做到位，悲剧是完全可以避免的。

所以，不要姑息自己的小错误，更不能容忍自己对细节的忽略，因为任何小失误都有可能带来大事故，伤害我们自己的生命，伤害同事的生命，甚至伤害无辜者的生命。

4. 细节不能忽略，小处不可大意

细节为什么容易被人忽视？就是因其细，因其微，因其"貌似微不足道，不重要"，许多员工的心里形成了一种"不重要"的习惯性认识，从而养成了"马虎"和"差不多"的劣习，这正是安全的大敌，正是那些在细节中出没不定的魔鬼，让许多员工栽了跟头。

某流域管理单位的巡渠查坝人员，在大汛期间坚守职责，在岗位上辛辛苦苦干了好几个月，眼看汛期即将结束，觉得"差不多"了，警惕性就放松。不料就在这时，一处险段突然决口，冲坏了附近一段总干渠，使周边村民的数百亩良田被冲毁，对于那些在土里刨食的农民来讲，土地就是他们的命根子啊！

某化肥厂发生硫化氢气体泄漏安全生产事故，事故原因是将硫化钠溶液放到磷酸槽的过程中，阀门失控导致流量过大、流速过快，产生大量的硫化氢气体不能被及时反应消耗，而从槽的上部逸出（槽未封闭），造成作业人员和围观人员中毒伤亡。事故导致6人死亡，28人进医院接受救治。

人都有容易忽视小事的心理，总认为小事不重要，可许多大错正出在小处，小处更需用心，才不至于让小错误铸成大事故。有一句谚语：湿透衣服的总是小雨。毛毛细雨不会让人觉得有多可怕，会让人认为这样的小雨不会有什么影响，淋不湿衣服，可是，最后衣服还是湿了；倒是下大雨时，大家都会想到去躲避，防范意识强了，衣服反而一滴雨也沾不上，当然也不会湿了。

安全也是一样，小处的隐患和小处的错误总是容易让我们忽略过去，容易犯对小错误视若不见、小隐患无动于衷、小违章无关紧要的毛病，常言说"不怕一万，就怕万一"，也许这"万一"的概率很低，但谁又能保证这万分之一不会降临在自己头上！

罗某、朱某、赵某3名钻工把钻机对向5#工作面中间打第一掏槽眼，刚开机约2分钟，发现有渣卡住钻头，钻杆旋转不正常。当时3人都认为矿渣卡住钻头是常有的事，没有一人料到炮位含有残余药包，这样罗某便指派朱某到6#工作面拿排渣钩来排除矿渣，自己同另一名副钻工赵某继续开机打钻。结果瞬间钻机气腿突然摇摆移动，钻杆与钻头方向角度失控，不慎滑到残余的药包处，引起爆炸。造成1人死亡，1人重伤。

某发电公司码头上正在卸煤。燃料车间副主任陆某观察到移动输送皮带的改向滚筒上粘煤较多，影响了输煤的速度，便踏上梯子，把一根扁铁伸向滚筒下面，想把粘在滚筒上的煤粒捅掉。刹那间，扁铁被皮带卷入，陆某的右手随即被皮带绞住，他使劲往外拽，人从梯子上摔下，造成右手小臂骨断裂，右肩胛前皮肉撕开。经治疗，右手仍留下了后遗症。

燃料检修班钱某刚刚接班例行巡视时，发现停运中的移动皮带上部一只立式挡辊过紧，需要调整。钱某没有与上输班联系就动手松动螺丝，而恰在此时，上输班值班员李某正启动移动皮带卸煤。李某既未仔细观察也未发出预警即按下了移动皮带的启动按钮，输送皮带将正在拆螺丝的钱某从5米高处带下，摔在2米高的煤堆上，造成钱某右手骨骨折、左腿神经韧带拉伤。

古人云:"祸患常积于忽微",越是微不足道的小事,越容易成为不安全的最大隐患。这就需要我们对工作中的任何细节都要"用心",工作时就应该专心致志,不想任何工作以外的事情;即使是干过一万遍的活儿,也不来半点马虎。

粗心大意实在是安全生产的天敌,认真细致才能为安全保驾护航。虚心请教,不懂的绝不装懂,对有益于工作的指点虚心接受,不冒险,不狂妄。要知道丢"面子"比丢"生命"划算多了,也有尊严多了!在安全生产工作中切实做到"严、细、实"。任何时候都要保持高度警惕,防患于未然,哪怕是极其微小的事也不能放过,才是安全型员工应有的态度。

安全无小事,因为"针鼻大的窟窿透过斗大的风",任何一件小事都决定着成败安危。这不仅是对待小事、对待细节、对待安全的原则,也是我们对待工作、对待岗位、对待生命的原则。

⚠ 5. 处处用心,每个环节都要做好

任何惊天动地的大事,都是由一个又一个小事构成的。任何细节,都会事关大局,牵一发而动全身,每一件细小的事情都会通过放大效应而凸显其重要影响,忽视了任何一个细节,都会产生不可想象的后果。

巴西甲级联赛上演了一场萨尔瓦多州德比大战，维多利亚主场对阵巴西利亚。比赛中，一位激动的女球迷因穿着高跟鞋站立不稳，不慎向前摔倒并压在了其他球迷的身上，并很快引发了长江后浪推前浪的多米诺效应，数名失去重心的球迷纷纷前仆后继地趴倒在了看台上，现场一片混乱。

事后，维多利亚俱乐部官方通报了事故的一些细节：一位女球迷因站立不稳失足跌落引发混乱，看台上的观众一度十分惊恐，有一些球迷受了轻伤，很快他们被送到急救车上，医生和护士为他们进行了紧急处理。从事后官方统计来看这双高跟鞋的杀伤力丝毫不弱，受伤的球迷数量超过50人，其中不少人严重骨折。

穿着高跟鞋看球赛，这样的小事或许谁都不会认为会影响到安全，但它确实就影响到了安全，这就是安全无小事的铁证。安全工作要善于从小事做起。若干件小事积累起来就是一件或者几件大事，就像盖房子一样，地基没有打好的话，再怎么好的房子都是危房。

一位勇士发誓要排除万难去攀登一座高峰。从良好的身体条件和过人的勇气和毅力来看，他是最佳人选，于是，在众人期待与敬仰的目光中，他出发了。然而，他却失败了。出人意料的是，使他放弃的原因只是鞋中的一粒沙子。

在登山途中，险峻的山势没能阻止他前行，疲惫、饥饿和寒冷没能使他畏惧，恶劣的气候没能使他退缩，不知何时，他的鞋里落入一粒沙子，这却成了他攀登过程中难以逾越的障碍。起初他是有时间将那粒沙子从鞋里倒出来的，但是他并没在意，或许一粒小小的沙子在勇士的眼里实在是太微不足道了。的确，和悬崖峭壁相比，那粒沙子的存在简直可以忽略不计。然而随着路程的增加，那粒沙子钻进勇士的皮内，越走下去越是觉得磨脚，最后，每走一步都伴随着一阵锥心刺骨的疼痛，他终于意识到这粒沙子的危害。最后他终于把沙子取出来了，但脚已被磨出了血泡。沙子被清理出去了，但很快伤口就因感染而化脓，最后，除了放弃，他别无选择。

沙子虽小，不能像巨石般挡道，甚至把人绊上一脚也不可能，但在登山途中却成了勇士无法战胜的"高峰"。同样，在安全问题上，许多大的事故，起因都是一些微不足道、鸡毛蒜皮的小事。以往沉痛的教训说明，要避免发生大事故，平时必须想得很细，抓得很紧。若等山洪来了再筑坝，船到江心才补漏，那就为时太晚了。

每一个岗位、每一个流程都有可能成为安全管理中的沙子，如果我们看不到其中潜藏的危机，不能及时将其取出，事故就不可避免。牵一发而动全身，细小的疏忽产生的后果会不断扩大，这样它们就不再是微不足道的小事情，而将演变成巨大的安全问题。

许多教训表明，一项工作的成败，不仅取决于某一个人有多强，更取决于所有参与这项工作的群体组成的安全链有多强。企业的每一个员工，都是企业运转的一个小环节，他们的工作质量会影响到整个企业的工作质量。安全不仅要求员工对本岗位工作负责，而且要关心全流程的整体运作，在每一个细节上都严格把关，切实做到你中有我、我中有你，注意相互配合、精诚协作、规避失误，确保每个环节都不出错，每一处细节都做到完善，安全才会真正属于自己。

⚠ 6. 安全要在细、精、实上下功夫，事故才会消除

细节的细，就是要工作认真，一丝不苟。每一位职工，都必须摆正自己的位置，注重工作的细节，时时刻刻都要回头望一下，检讨一下，我们该如何做，我们做得如何？我们是否遗漏了某一个细节？要时刻牢记：安全事故往往就是因为犯了一些简单细小且没有多少技术含量的低级错误而发生的。

"二战"时，为了给即将对菲律宾进行反攻的部队提供空中支援，美军决定攻占莱特岛，以便充分利用日军在岛上修建的飞机场。

由于莱特岛的地理环境十分特殊，大部分是沼泽地，地下水位较高，而且作战的时间又定在雨季，到那时，机场即使不被洪水淹没，也会变成一片沼泽。因此，美军的工程技术人员立即向指挥部呈交了一份关于莱特岛水文地质情况的报告，但指挥部对这份报告并未给予重视。

攻占莱特岛的战斗打响后不久，雨季来临。连续45天的暴雨，使整个小岛变成了一片泥沼，道路不能行车，机场无法使用，后勤供应物资的运输受到严重影响。美军士兵整天泡在泥水里与残存的日军拼杀，伤亡惨重。

指挥部的一个小小疏忽，竟使美军为了区区一个莱特岛，付出了惨重的代价。综观美军在整个太平洋战争后期的反攻战，莱特岛之战是损

失极其严重的一次。

安全就要在细、精、实上下功夫。做细,就要我们正视自己的优点与不足,正视自己的失误与过错,清楚并善用自己在岗位上的每一个细节中的责任与权力。如果我们一再认为安全生产不必大事小事事事操心面面俱到的话;如果我们还在认为"只要自己不出事,休管他人瓦上霜"而漠视他人细节的话;如果我们总是大大咧咧、经验主义,"没事!以前这么干都没有出事"的话;如果我们因为干了几年、十几年甚至几十年工作都平平安安,便麻痹大意,有意无意地忽视细节,有意无意地违章作业的话;如果我们总是抱着一种"常在河边走,哪有不湿鞋"的心态的话;如果……太多太多的"如果",如果我们大而化之,那么真就"如果"了,我们的生命也就会在"如果"中飘逝,在怨悔中消亡,那时候,再多的"如果"也没有了任何意义。所以,做细,就要求我们消除一切"如果"的假设,把一切"有可能"变成"不可能",把一切"不一定"变成"肯定",把一切"不确定"变成"确定",消除一切马虎和差不多,才是真正具有了安全细节的意识,意识到了细节的重要。

做精,就是精益求精,永不满足的态度,就是没有最好,只有更好的观念。考虑问题要全面,要滴水不漏。有人说安全工作只有满分与零分的区别,这句话是有一定道理的。我们即使已经做了九十九分的努力,就差那么一分而发生了事故,那么,就跟一分也没有做是一样的,是零分。客观地说,有生产就有风险,隐患是大量存在的,关键是人们有没有认识到隐患,有没有采取相应的防范措施。只有认真发现问题,不让任何细微的隐患有可乘之机,才能真正做到防患于未然。

做实,就是不怕麻烦,认真对待每一件事,该走弯路的,就不能为省事而抄近道。人们总是希望以最小的消耗来获得最大的工作效果,表现为嫌麻烦、怕费劲、图方便等,正是这种心理,使操作者省略了必要的操作步骤或必要的安全防护,而这恰恰就为事故的发生提供了生长的温床。比如下面这个事故,虽然是未遂事故,但同样发人深省。

一台风机出了一点故障,一名操作人员去通知机修工来处理。机修工将电源关闭后就开始拆风机,由于电源开关离风机近,所以机修工没有挂停电检修的牌子,也没有安排人守在开关旁。当他们准备伸手搬动轴承时,另一名操作人员走进去,也没看有人在里面检修,就合上了刀闸。风机突然转动,将一名机修工的手套卷了进去,幸好另一名机修工及时冲过去拉下刀闸,才避免了一场重大事故的发生。由此可见,嫌麻烦、图省事的后果,很可能会带来更大的麻烦。

细节就像人体的细胞一样举足轻重,谁能把握住细节,落实好每一个细节,把小事做细,把细节做好、做透、做实、做到完美,安全还用得着担心吗?

要想把细节做到完美,每一位员工都必须牢固树立"细节决定安危"的观念,坚决克服"螺丝少紧一扣不碍事、垫片少上一个没问题、作业简化一步不算啥"的错误思想和行为,立足岗位,从小事做起,从我做起,从现在做起,严格遵守规章制度,加强自身的安全保护,按标准化作业,从改掉习惯性违章做起,管住并规范自己的每一个动作,认真负责、一丝不苟地把每一处细节、每一道工序、每一个环节做细、做好、做到位,从而保证我们的安全,保障我们的生命不受伤害。

第九章 增强防护能力：做好自我防护严防伤害事故

防护不当，也是许多安全事故发生的重要原因。员工要恪守"三不伤害"原则，掌握自我防护技能，在保护自己的同时保护同事，全面防范伤害事故的发生。

⚠ 1. 树立"我要安全"意识，要安全才会有安全

自己的安全只有自己才能保障，自己从心里认识到安全的重要性，自己想要安全，才会有真正的安全。但还是有很多员工处在企业、领导"要我安全"的被动接受阶段，没有一种"我要安全"的主动性，也就是还没有安全第一、生命第一的意识。

"要我安全"从直观上来讲是指各种规章制度的约束和各级领导喋喋不休的规劝，是一种传统的安全观念，是企业及基层管理采取行政手段，自上而下实施的强制性措施，主要突出企业的需要，突出管理的需要，突出管理者的需要，员工属于强制被动接受。

正因为"要我安全"是强制的、被动的，反而容易使员工产生逆反心理和抵触情绪。当领导或企业对于员工这种不把自己的生命放在心上、不注意安全的行为强制改正时，引起的不是员工的高度注意和及时改正，反倒是愤怒或抱怨，认为"领导故意跟我过不去"、是"找碴"、要"故意整我"，即使出了事故，也不愿承认是自己的责任，认为事故难免，不是我出就是你出，不必大惊小怪。或者，拿别人与自己比，说某某人不是也出过事故吗，何必说我呢？这种轻视生命、漠视安全的态度，如何让安全得以保证呢？

只有从"要我安全"转变成为"我要安全"，才能真正意识到生命的珍贵，安全的重要。"我要安全"将员工的认识提高了不止一个层次，员工把安全作为自己的一种需要，而不是任务或是强制的命令，这样的

话，只要是有利于员工自身安全的活动，都很容易引起共鸣，得到员工的拥护、支持和服从。员工对于安全管理、防护及规程规章不会再有任何抱怨和抵触，而是自觉规范自己的行为，并能自觉制止"三违"，发现和整改隐患。使"不伤害自己、不伤害他人、不被他人伤害"的"三不伤害"变成自觉行为。当"我要安全"成为一种沉淀在员工内心深处的一种安全意识形态，包括安全思维方式、安全行为准则、安全道德观、安全价值观等，它是企业员工对安全问题的个人响应与情感认同，也是员工自动自发的行为，员工明白自身安全的重要，积极做好防护，时时记得保护自己也保护别人，积极主动地开展各种安全活动，促进企业生产安全。这样，安全工作就不再是一件难事了，安全生产也就有了根本上的保障。

有一个流传很广的故事：有一家建筑公司请到了一位业内专家，想让他进行建筑方面的现场指导。在进入施工场地时，业内专家却站着不动，不肯向前走了。该公司的接待人员不知道他为什么停下，一问才知道，业内专家说自己没戴安全帽，按规定不能进入施工现场。大家都放下心来，纷纷劝说："只是进去一会儿，再说领导又不在现场，就不必戴了。"业内专家疑惑不解，摇头不干，说："我戴安全帽是为了我自己的安全，并不是给哪一位领导看的。"

这样的态度才是真正对自己负责。生命诚可贵，安全价更高。"要我安全"与"我要安全"之间仅仅是一个字的错位，含义却不相同。"要我安全"所产生的效果是被动的意识。"我要安全"产生的效果则是主动的意识。只有变"要我安全"为"我要安全"，才能发挥安全主动性，从本质上保证安全。

小马是一艘江轮上的船员。作为一名长年在船上工作的老船员，他清楚地知道自己所在的轮船其实是一艘"聋哑船"。"聋哑船"的意思是这是一艘没有安装通信设备的船，没有加入安全通信网。一旦发生紧急事件，这艘船将无法与其他船只和指挥中心进行无线联系，会给航运安全带来极大隐患。船主出于节省开支等原因，没有按规定配备通信设备。小马虽然知道这一点，但是并没有放在心上，因为连续两年的安全行驶让他放松了警惕，他认为只要注意一些，是不会出事的。

这天小马在家休息，在收听电台广播时得知，某水域X号滚装船与T号轮渡相撞，造成数十人死亡，几十人失踪。原来T号轮渡是一艘"聋哑船"，因无法听见X号滚装船的高频通话，最终导致此次悲剧的发生，船上的船员全部丧命。

小马再也坐不住了，他关掉收音机，觉得自己一定要有所行动了。他决定告诉船主这一消息，并请船主立即配齐所有的通信设备，因为，安全是关乎自己生命的大事，这可绝对马虎不得。

安全，与企业的每一个员工密切相关，关乎每一个员工生命与财产的安全。小马从现实血淋淋的悲剧中及时醒悟，完成了从"要我安全"到"我要安全"的转变。

"要我安全"，员工在被动的情况下最多也是自己管自己的安全，转变成"我要安全"后，员工当然会主动关心安全，关心自己的安全，同时也关心工友的安全，不被自己伤害，不被他人伤害。

如何实现从"要我安全"向"我要安全"的转变呢？首先，心中必须时刻谨记：生命第一，安全第一。为了确保生命的安全，在工作中我们必须认真学习安全管理、安全操作、牢记禁令、杜绝三违、反对三违，争取把安全隐患消灭在无形之中。

其次，多想想"为什么我要安全""我的安全责任是什么""我如何保证安全""谁最关心我的安全""谁可以随时随地来保障我的安全""愿意将我的安全交给别人掌握吗""公司安全该由谁负责"这样的问题，想通想透想明白后，安全自觉性必然会大大提高。

　　当然，这种转变不仅需要企业长期耐心的安全教育和引导，还需要员工自身的觉醒，有时候甚至是事故发生之后的警醒，才促进了这样的转变。下面这位员工的转变就是这样的一个典型案例。

　　那是12月中旬的一天，我们班组被分到YT—5集输井站干活，这里的冬天很冷，零下二三十摄氏度，简直就是冰窖，但为了抢工期，我们仍然一大早就赶到工地，冷风呼呼地吹着，手脚都冻得僵硬，几个同事赶着去搭脚手架以便安装污水罐，我则在下面用割刀割管子下料，突然听到有人喊："小许，快闪开！"我正想抬头看发生了什么事，"砰"的一下，一个重物重重地砸在了我的头上，我当时就瘫软在地上，呼啦一下所有的人都围了上来，"砸着了没有？你怎么样？""喂，听得到我说话不？""有事没有？马上送医院。"……大家正七嘴八舌地着急呢，我慢悠悠地又坐了起来，大家不说话了，全看着我："你没得事吧？""没得事，就是头有点闷，啥子东西打到我哦？"我甩甩脑袋扭头一看，好家伙，是一根四五米长的搭脚手架的铁杆子，就是这玩意儿立着倒下来正好砸着我，我习惯性地摸摸头，却摸着了安全帽，我这才想起，为了御寒，我在自己的毛线帽外面多加了顶安全帽，没想到这个看似漫不经心的举动救了我一命。我脱下帽子，帽顶已经被铁杆砸裂，不能再使用了，看着这顶帽子我什么话都说不出来，大家也都是你望我我望你，不知该说什么，一场惊心动魄的伤人事故就被这样一顶小小的安全帽给化解了。

　　从那以后，再也不用领导检查督促，一上工地，每个人都很自觉地戴好安全帽，并且还相互提醒着，直到现在，我们上工地，都会戴好安全帽，这已经成为全公司每个员工的习惯了。

　　这位员工是幸运的，上帝给了他改正错误的机会，但是更多没有及时醒悟的员工也许就永远没有这样的机会了，他们的事例提醒的是后来者。更多的员工是通过无数血淋淋的案例才幡然醒悟并积极从"要我安全"向"我要安全"转变。

某钢铁冶炼厂车间发生一起安全事故,造成一人重伤。经调查,此次事故的缘由是职工黄某到密浓机平台给地面和减速箱外壳洒植物除垢粉,由于洒的植物除垢粉刚溶解且地面油污比较厚,右脚打滑,身体往后倾倒,被后面的栏杆顶住后背,整个人顺势往前扑,右手刚好卡在减速箱外部传动齿轮上,右手衣袖被齿轮绞入,右手中部靠在减速箱外壳上被强力折断,一个平日毫不起眼的打滑,谁会想到会出这么大的事,可就是这瞬间的思想麻痹最终酿成了事故,它给人们带来的教训是深刻的、惨痛的。如果当事人具备基本的安全防范意识,穿上防护鞋,那么他的手是可以保住的。

常言说:一失足成千古恨。错误的认识和行为一旦超越了界限,唯有千古遗恨,甚至连遗恨的机会也失去。为了不让这种遗恨发生在自己身上,每一位员工必须转变自己的安全观念,树立起"我要安全"的意识,从内心深处激发出积极"要安全"的动力,真正把"生命第一、安全第一"的理念握在手中,学会保护自己不受到伤害,不断增强自我安全保护意识和自我保护能力,不断提高"我要安全"的自觉性和主动性,才能保证自己的生命安全,才能让美好的生命、幸福的生活,永远与我们同在。

⚠ 2. 自觉防护，自己的安全要靠自己呵护

安全是我们最珍贵的瑰宝，是我们一生梦想的承载，一切前途的依托，一切未来的根基，如果失去了安全，一切都是空无、虚幻！然而，并非人人都明白安全的珍贵，轻视安全、漠视安全的人大有人在，因为忽视安全而失去生命的人也并不在少数。

某混凝土公司内，一位员工进入一个大型槽罐内，正准备进行水泥搅拌罐清洁业务时，突然感觉不适，随之倒在槽罐内。两位同事见状，立即进入槽罐进行施救，没想到也相继倒在槽罐内。随后三人被送到医院，其中两人因抢救无效死亡。事故原因是"进入密闭空间作业未采取防护措施和施救不当"。

进行有限空间作业时，需严格按照《缺氧危险作业安全规程》《密闭空间作业职业危害防护规范》要求，并做到作业先审批，作业现场设监护人，作业前及作业过程中保持持续有效的通风换气，先检测、再评估、后作业。一旦发生意外，救援人员需做好自我防护才能施救。不做好自我防护就擅自进入密封罐内，不出事故才怪。

如果再深入地分析，还会发现，有很多的安全事故以及生命消逝的事故，原因都是我们的安全意识不够，我们对安全的防护程度不够！

根据有关部门针对大中型企业近3年来发生的事故所做的一项统计

显示，人为因素中，安全意识薄弱，没有树立起安全第一、生命第一理念导致的事故占到90%多，因为安全技术所导致的事故不到10%。可见，安全防护意识对于生命安全多么重要——如果我们自己不好好地珍惜我们的生命，不呵护我们的安全，还有谁能保证我们的生命安全呢？

　　生命安全是需要精心呵护和珍惜的，因为生命本身脆弱无比。我们身处的这个世界纷繁复杂，气象万千，人类不过是其中的一粒微尘。在现代社会，各种高新技术在为人们带来方便快捷的同时也隐藏了更多的危险，工作中、生活中，在路上、在游戏时，甚至吃饭、睡觉这样简单自然的事情，如果不注意防范，也可能伤害到我们的生命。生命的大海中有太多的暗礁，太多的恶浪；生命的路上有太多的荆棘，太多的坎坷；生命的征程里有太多的危机，太多的灾祸；生命的过程中危险无处不在，无时不在！因而安全事故也就如影随形，时时发生。有不可避免的天灾，像地震、洪水、大风；也有故意为之的人祸；而更多的却是因为我们自己的疏忽和大意导致的事故……

　　某矿一车间班组4#电机车正司机王某和副司机陈某根据车间调度的安排，到4#铲从事剥岩作业。中午时分，4#电机车从采场去东67米剥岩场翻车，运行途中，750伏直流摩电线刮坏4#电机车的正弓，电机车被迫停了下来。副司机陈某向车间调度打电话请求停电，正司机王某趁陈某打电话之机，自作主张，在未得到车间调度许可的情况下，就戴着帆布手套拿着绝缘棒，擅自爬上电机车的棚顶，用右手拉弓子，左手撑在车顶棚边沿上，刚一举棒就不慎触电，从电机车棚顶坠落到地面。副司机陈某见状，赶紧对王某进行人工呼吸，然后打电话给车间调度，紧急送往医院抢救。但还是抢救无效死亡，时年25岁。

　　某地住宅小区工地发生塔吊倾翻，造成3人死亡、1人重伤、1人轻伤的重大事故。事故的原因正是当班的工人忽视生命安全、违反拆卸规定导致的。

当时正值5号住宅楼完工之际，工程项目经理、工长等3人商议，考虑到工程已完工，决定对工地塔吊进行检修、拆卸，并口头报告了公司经理，公司经理当时要求认真做好拆卸方案，切实注意安全。第二天早晨7点钟，项目经理召集工地9工号工长、10工号工长和6名技工在工地会议室开会，对塔吊的检修、拆卸工作进行部署。会上讲明了塔吊检修、拆卸的内容、要求与注意事项及分工，决定由6名技工负责检修、拆卸工作，具体技术工作由机械班长负责。项目经理负责组织指挥。

检修、拆卸工作部署完后开始实施。6名技工带着扳手等检修、拆卸工具开始作业。在塔吊未做平衡处理的情况下就拆除了连接螺栓，并进行液压顶升提升套架。此时塔吊重心失去平衡，塔吊起重臂由东向西倾翻，呈"Z""J"字形。吊臂头部19米段倒落在附近的一栋宿舍楼四楼顶上，击穿屋面板三处，并损坏了室内部分家具，事故造成3人死亡2人受伤。

生命如此脆弱！很小的疏忽也会导致生命的凋落，无数事故明白无误地告诉我们，自己的生命一定要靠自己来珍惜，自己的安全一定要靠自己来呵护。

生命高于一切，珍惜生命，注重安全，是每一个人每一个员工都应该牢记在心的准则。如果没有这种意识，拿自己的生命开玩笑，必然会导致生命的凋落！珍爱自己的生命，保障自己的安全，才是我们每一个人应当时时警醒的原则、时时坚守的底线。

⚠ 3. 正确穿戴防护用品，保护自己少受伤害

做好个人防护，首要的就是严格按照规定，及时、正确地穿好防护衣物，戴好防护用品，让自己时刻处于安全健康的工作环境，保护自己不受职业伤害，有效地把职业危害减到最小，保证自己的安全和健康。

个人防护用品可按防护部位分为防护头、面、眼、呼吸道、耳、手、脚、身躯8类，也可以依据用途分为防尘、防毒、防噪声、防高温热辐射、防微波和激光、防放射、防冲击、防机械外伤、防油、防碱、防坠落、防寒、防触电、防水和水上救生等。主要有以下几种。

（1）防护头盔

在生产现场，为防止意外重物坠落击伤、生产中不慎撞伤头部，或防止有害物质污染，工人应佩戴安全防护头盔。防护头盔多用合成树脂类橡胶等制成。我国国家标准对安全头盔的形式、颜色、耐冲击、耐燃烧、耐低温、绝缘性等技术性能有专门规定。

根据用途，防护头盔可分为单纯式和组合式两类。单纯式有一般建筑工人、煤矿工人佩戴的帽盔，用于防重物坠落砸伤头部。单纯式的是机械、化工等工厂防污染用的以棉布或合成纤维制成的带舌帽。组合式的主要有电焊工安全防护帽、矿用安全防尘帽、防尘防噪声安全帽。

（2）防护服

防护服包括帽、衣、裤、围裙、套裙、鞋罩等，有防止或减轻热辐射、X射线、微波辐射和化学污染机体的作用。主要有以下四种。

①防热服：应具有隔热、阻燃、牢固的性能，还应透气，穿着舒适，便于穿脱。又分为非调节式和空气调节式两种。

②防化学污染物：一般有两类，一类是用涂有对所防化学物不渗透或渗透率小的聚合物化纤和天然织物做成，并经某种助剂浸轧或防水涂层处理，以提高其抗透过能力，如喷洒农药人员防护服；另一类是以丙纶、涤纶等织物制作，用以防酸碱。对这些防护服，国家有一定的透气、透湿、防油拒水、防酸碱及防特定毒物透过的标准。

③微波屏蔽服：一种是金属丝布微波屏蔽服，另一种是镀金属布微波屏蔽服。这种屏蔽服具有镀层不易脱落、比较柔软舒适、重量轻等特点，是目前较新、效果较好的一种防微波屏蔽服。

④防尘服：一般用较致密的棉布、麻布或帆布制作。需具有良好的透气性和防尘性，式样有连身式和分身式两种，袖口、裤口均须扎紧，用双层扣，即扣外再缝上盖布加扣，以防粉尘进入。

（3）防护眼镜

防护眼镜一般用于各种焊接、切割、炉前工、微波、激光工作人员防御有害辐射线的危害。可根据作用原理将防护镜片分为三类。

①反射性防护镜片：根据反射的方式，还可分为干涉型和衍射型。

②吸收性防护镜片：根据选择吸收光线的原理，用带有色泽的玻璃制成，例如接触红外辐射应佩戴绿色镜片，接触紫外辐射应佩戴深绿色镜片，还有一种加入氧化亚铁的镜片能较全面地吸收辐射线。

③复合性防护镜片：将一种或多种染料加到基体中，再在其上蒸镀多层介质反射膜层。由于这种防护镜将吸收性防护镜和反射性防护镜的优点结合在一起，在一定程度上改善了防护效果。

（4）防护面罩

主要有以下三种。

①防固体屑末和化学溶液面罩：用轻质透明塑料或聚碳酸酯塑料制作，面罩两侧和下端分别向两耳和下颌下端及颈部延伸，使面罩能全面

地覆盖面部，增强保护效果。

②防热面罩：除与铝箔防热服相配套的铝箔面罩外，还有用镀铬或镍的双层金属网制成，反射热和隔热作用良好，并能防微波辐射。

③电焊工用面罩：用制作电焊工防护眼镜的深绿色玻璃，周边配以硬质纤维制成的面罩，防热效果好，并具有一定电绝缘性。

（5）呼吸防护器

呼吸防护器主要用来防止有毒气体及粉尘的吸入，包括防尘口罩（面具）、防毒口罩、防毒面具（口罩）等。根据结构和原理，可分为自吸过滤式和送风隔离式两大类。

①自吸过滤式呼吸防护器：是以佩戴者自身呼吸为动力，将空气中有害物质予以过滤净化。适用于空气中有害物质浓度不高，且空气中含氧量不低于18%的场所。过滤式又分为机械过滤和化学过滤两种，机械过滤主要用于防止粒径小于5微米呼吸性粉尘的吸入，通常称为防尘口罩和防尘面具；化学过滤主要用于防止有毒气体、蒸气、毒烟雾等的吸入，通常称为防毒面具。

②送风隔离式呼吸防护器：经此类呼吸防护器吸入的空气并非经净化的现场空气，而是另行供给。隔离式呼吸器用在缺氧、尘毒污染严重、情况不明或有生命危险的工作场合。按其供气方式又可分为自带式与外界输入式两类。

（6）护耳器

护耳器包括耳塞、耳罩、防噪声帽盔，其作用主要是防止噪声危害。

①耳塞：插入外耳道内或置于外耳道口的一种栓，常用材料为塑料和橡胶。按结构外形和材料分为圆锥形塑料耳塞、蘑菇形塑料耳塞、伞形提篮形塑料耳塞、圆柱形泡沫塑料耳塞、可塑性变形塑料耳塞和硅橡胶成形耳塞、外包多孔塑料纸的超细纤维玻璃棉耳塞、棉纱耳塞。对于耳塞的要求：应有不同规格的适合于各人外耳道的构形，隔声性能好、佩戴舒适、易佩戴和取出，又不易滑脱，易清洗、消毒、不变形等。

②耳罩：常以塑料制成，呈矩形杯碗状，内具泡沫或海绵垫层，覆盖于双耳，两杯碗间连以富有弹性的头架，适度紧夹于头部，可调节，无明显压痛，舒适。要求其隔音性能好，耳罩壳体的低限共振率越低，防声效果越好。

③防噪声帽盔：能覆盖大部分头部，以防强烈噪声经骨传导而达内耳，有软式和硬式两种。软式质轻，导热系数小，声衰减量为24分贝，防噪效果一般，缺点是不通风。硬式为塑料硬壳，声衰减量可达30～50分贝。

对护耳器的选用，应考虑作业环境中噪声的强度和性质，以及各种防噪声用具衰减噪声的性能。各种防噪声用具都有一定的适用范围，选用时应认真按照说明书使用，以达到最佳防护效果。

（7）皮肤防护用品

主要指防护手和前臂皮肤污染的手套和防护膏膜。

①手套：主要是棉手套，也有用新型橡胶体或聚氨酯塑料浸塑制成的手套。不同材质的手套可用于不同的工作场所，如防溶剂、耐油、耐漆、防污染、耐热、耐寒冷等。防护手套必须足够结实，确保在工作过程中不破损或开裂。皮革或缝制的工作手套不适合处理化学品时使用。在戴、脱手套时，确保工人裸手不接触污染手套的外面。

②防护膏膜：在戴手套感到妨碍操作的情况下，可用膏膜防止手部皮肤污染。膏膜一般由药物、成膜剂、油脂活性剂乳化制成，用后用温水和肥皂冲洗，可用在使用有机化合物的场所，如各种溶剂、油漆和染料操作时。干酪素防护膏可对有机溶剂、油漆和染料等有良好的防护作用。对酸碱等水溶液可用由聚甲基丙烯酸丁酯制成的胶状膜液，涂布后即形成防护膜，唯洗脱时可用乙酸乙酯等溶剂。防护膏膜不适于有较强摩擦力的操作。

（8）复合防护用品

对于有些全身都暴露于有害因素，尤其是放射性物质的职业，例如手术医生，应佩戴能防护全身的由铅胶板制作的复合防护用品，考虑到医生工作的特殊性，防护用品不仅要有可靠的防护效果，还要轻便、舒适、方便使用。

当然防护用品不止这些，还有如防酸碱用品、防高温低温用品等，员工要根据自己的工作环境和职业性质来科学选用。

随着科技的进步，防护用品越来越先进，防护作用也越来越好。但如果不能正确使用，再好的防护用品也有可能起不到应有的防护作用。因而，要对自己的安全负责，就需要认真学习正确穿戴防护用品的知识，并按规范、按要求正确穿好戴好防护用品，保护自己的安全，也消除事故的诱因。

（1）防护服的正确穿戴方法

①白帆布防护服能使人体免受高温的烘烤，并有耐燃烧的特点，主要用于冶炼、浇注和焊接等工种。

②劳动布防护服对人体起一般屏蔽保护作用，主要用于非高温、重体力作业的工种，如检修、起重和电气等工种。

③棉布防护服能对人体起一般屏蔽防护作用，主要用于后勤和职能人员等岗位。

（2）防护手套的正确戴法

①厚帆布手套多用于高温、重体力劳动，如炼钢、铸造等工种。

②薄帆布、纱线、分指手套主要用于检修工、起重机司机和配电工等工种。

③翻毛皮革长手套主要用于焊接工种。

④橡胶或涂橡胶手套主要用于电气、铸造等工种。

⑤戴各种手套时，注意不要让手腕裸露出来，以防在作业时焊接火星或其他有害物溅入袖内造成伤害；操作各类机床或在有被夹挤危险的地方作业时严禁戴手套。

（3）防护鞋的正确穿法

①橡胶鞋有绝缘保护作用，主要用于电力、水力清砂、露天作业等岗位。

②球鞋有绝缘、防滑保护作用，主要用于检修、起重机司机、电气等工种。

③钢包头皮鞋用于铸造、炼钢等工种。

（4）安全帽的正确佩戴方法

①首先应该检查安全帽的外壳是否破损，有无合格帽衬，帽带是否完好。

②帽衬和帽壳不得紧贴，应有一定间隙（帽衬顶部间隙为20～50毫米，四周为5～20毫米）。

③安全帽必须戴正。如果戴歪了，一旦受到打击，就起不到减轻头部冲击的作用。当有物料落到安全帽壳上时，帽衬可起到缓冲作用，不使颈椎受到伤害。

④必须系紧下颏带。当人体发生坠落时，由于安全帽戴在头部，会起到对头部的保护作用。

安全帽使用时还要注意以下几点。

①要有下颏带和后帽箍并拴系牢固，以防帽子滑落与碰掉。

②热塑性安全帽可用清水冲洗，不得用热水浸泡，不能放在暖气片、火炉上烘烤，以防帽体变形。不能把安全帽当坐垫用，以防变形，降低防护作用。

③安全帽使用超过规定限值，或者受过较严重的冲击后，虽然肉眼看不到裂纹，也应予以更换。发现帽子有龟裂、下凹和磨损等情况，要立即更换。

④佩戴安全帽前，应检查各配件有无损坏、装配是否牢固、帽衬调节部分是否卡紧、绳带是否系紧等，确信各部件完好后方可使用。

（5）面罩和护目镜的正确佩戴方法

①防辐射面罩主要用于焊接作业，防止在焊接中产生的强光、紫外线和金属飞屑损伤面部，防毒面具要注意滤毒材料的性能。

②防打击的护目镜能防止金属、砂屑、钢液等飞溅物对眼部的伤害，多用于机床操作、铸造捣冒口等工种。

③防辐射护目镜能防止有害红外线、耀眼的可见光和紫外线对眼部的伤害，主要用于冶炼、浇注、烧割和铸造热处理等工种。这种护目镜大多与帽檐连在一起，有固定的，也有可以上下翻动的。

（6）呼吸防护器的正确使用方法

口罩的戴法人人都会，这里重点说一下防毒面具的正确使用方法。过滤式防毒面具，由面罩和滤毒罐（或过滤元件）组成；隔绝式防毒面具，由面具本身提供氧气，分贮气式、贮氧式和化学生氧式3种。为了防止造成面部皮肤过敏，高级防毒面具的材质已由普通橡胶，改为采用优质硅胶制作的全面罩主体，具有抗老化、防过敏、耐用、易清洗的特点。

各种防毒面具的材质和结构不同，但都可以参照同样的使用方法，以下为硅胶防毒面具使用及维护方法。

防毒面具使用前要仔细检查，确保面具完整、无损坏，并能正常使用。

①使用前需检查面具是否有裂痕、破口，确保面具与脸部贴合密封。

②检查呼气阀片有无变形、破裂及裂缝。

③检查头带是否有弹性。

④检查滤毒盒座密封圈是否完好。

⑤检查滤毒盒是否在使用期内。

检查完以后，要进行密合性测试，以保证其安全。

测试方法一：将手掌盖住呼气阀并缓缓呼气，如面部感到有一定压力，但没感到有空气从面部和面罩之间泄漏，表示佩戴密合性良好；若面部与面罩之间有泄漏，则需重新调节头带与面罩，排除漏气现象。

测试方法二：用手掌盖住滤毒盒座的连接口，缓缓吸气，若感到呼吸有困难，则表示佩戴面具密闭性良好。若感觉能吸入空气，则需重新调整面具位置及调节头带松紧度，消除漏气现象。

重新按以上方法一、方法二做密合性测试，直至密合性能良好。

防毒面具佩戴的正确方法包括以下几方面。

①将面具盖住口鼻，然后将头带框套拉至头顶；

②用双手将下面的头带拉向颈后，然后扣住；

③风干的面具请仔细检查连接部位及呼气阀、吸气阀的密合性，并将面具放于洁净的地方以便下次使用。

④清洗时请不要用有机溶液清洗剂进行清洗，否则会降低使用效果。

⑤滤毒盒更换及装配方法：按照滤毒盒的有效防毒时间更换或感觉有异味更换；将滤毒盒的密封层去掉，并将滤盒螺口对准滤盒座，顺时针方向拧紧，压扣滤线盒对准盒座压紧。

⑥防毒面具使用注意事项：佩戴时如闻到毒气微弱气味，应立即离开有毒区域；有毒区域的氧气占体积的18%以下、有毒气体占总体积2%以上的地方，各型滤毒罐都不能起到防护作用，必须尽快离开有毒区域。

（7）护耳器的正确使用方法

护耳器的作用是防止噪声危害，因而凡进入噪声环境，一定要及时戴上，不然，长期的噪声对听力的影响是非常大的，会形成职业性耳聋。

①使用耳罩时，应先检查罩壳有无裂纹和漏气现象，佩戴时应注意罩壳的方位，顺着耳廓的形状戴好。

②将耳罩调校至适当位置（刚好完全盖上耳廓）；调校头带张力至适当松紧度；定期或按需要清洁软垫，以保持卫生；用完后存放在干爽位置。

③佩戴耳塞时，由于人的外耳道是弯曲的，应用一只手绕过头后，将耳廓往后上方拉（将外耳道拉直），然后用另一只手将耳塞推进去，尽可能地使耳塞与耳道相贴合。但不要用劲过猛过急或插得太深，自我感觉合适为止。

④发泡棉式的耳塞应先搓压至细长条状，慢慢塞入外耳道，待它膨胀封住耳道。

⑤佩戴硅橡胶成形的耳塞，应分清左右塞，不能弄错。插入外耳道时，要稍做转动放正位置，使之紧贴耳道内。

⑥戴后感到隔声不良时，可将耳塞缓慢转动，调整到效果最佳位置为止。如果经反复调整效果仍然不佳时，应考虑改用其他型号、规格的耳塞。

⑦耳塞分多次使用式及一次性两种，前者应定期或按需要清洁，保持卫生，后者只能使用一次。多次使用的耳塞会慢慢硬化失去弹性，影响减音功效，因此，应定期检查并更换。

⑧无论戴耳塞与耳罩，均应在进入有噪声工作场所前戴好，工作中不得随意摘下，以免伤害鼓膜。休息时或离开工作场所后，到安静处才可以摘掉耳塞或耳罩，让听觉逐渐恢复。

（8）安全带的正确使用方法

安全带是防止高处作业坠落的防护用品，使用时要注意以下事项。

①在基准面2米以上作业须系安全带。

②使用时应将安全带系在腰部，挂钩要扣在不低于作业者所处水平位置的可靠处，不能扣在作业者的下方位置，以防坠落时加大冲击力，使人受伤。

③要经常检查安全带缝制部分和挂钩部分，发现断裂或磨损要及时修理或更换。如果保护套丢失，要加上后再用。在使用安全带时，应检查安全带的部件是否完整，有无损伤，金属配件的各种环不得是焊接件，边缘光滑，产品上应有"安鉴证"。

④使用围杆安全带时，围杆绳上有保护套，不允许在地面上随意拖着绳走，以免损伤绳套，影响主绳。

⑤悬挂安全带不得低挂高用，因为低挂高用在坠落时受到的冲击力大，对人体伤害也大。

⑥严禁使用打结和续接的安全绳,以防坠落时腰部受到较大冲力伤害。

⑦作业时应将安全带的钩、环挂在系留点上,各卡接扣紧,以防脱落。

⑧在温度较低的环境中使用安全带时,要注意防止安全绳的硬化割裂。

⑨使用后,将安全带、绳卷成盘放在无化学试剂、避光处,切不可折叠。在金属配件上涂些机油以防生锈。

个人防护用品的使用者必须按照劳动防护用品使用规则和防护要求正确使用劳动防护用品。使用前要对其防护功能进行严格检查,对于损坏或磨损严重的必须及时更换。

特殊作业人员还要有特殊的防护措施,这关系到身体的长期安全,千万不可忽视。

⚡ 4. 防毒防尘,防范得当安全才有保障

对于职业中会接触到有毒物质的员工来说,防范中毒窒息事故相当重要。

当人体在有窒息性气体环境中时,窒息性气体导致人体呼吸系统终止而造成的伤亡事故就是中毒窒息事故。对于有限空间作业、非煤矿山、地下管道及其他特殊作业的班组而言,中毒窒息事故将是防范的重点。因为一不小心就会发生伤亡甚至是重大伤亡事故。

某装饰公司的两名工人，在车站街清理下水道时，先后在3米深的污水沟里窒息死亡。

某氯碱化工有限公司电石项目部发生一氧化碳中毒事故，导致进行施工作业的某化工有限公司3名施工人员遇难，还造成其他6人中毒。

某有色金属公司厂坝铅锌矿护矿队在巡查矿区时，3名职工进入一废弃矿硐查看，但久久没有升井。矿方在接到矿硐口留守监护人员的报告后，先后组织两批11人入硐搜寻营救。使中毒范围扩大，该事故共造成6名职工不同程度中毒，8名职工遇难。

这几起事故的一个突出特点是，发现工人中毒晕倒后，其他人员在没有任何防护措施的情况下盲目救援，前赴后继，造成群死群伤。预防中毒窒息事故应根据环境中可能存在的窒息性气体的种类采取相应的预防措施。通常，预防中毒窒息事故应从以下几个方面入手。

（1）预防一氧化碳中毒

①冬天屋内生煤炉取暖必须使用烟囱，使"煤气"能够顺利排到室外。

②在产生一氧化碳的场所应经常测定空气中的一氧化碳浓度或设立一氧化碳警报器和红外线一氧化碳自动记录仪，监测一氧化碳浓度变化。

③进行煤气生产时应定期检修煤气发生炉和管道及煤气水封设备，防止一氧化碳泄漏。

④生产场所应加强自然通风，产生一氧化碳的生产过程要加强密闭通风；矿井放炮后必须通风20分钟以后，方可进入生产现场。

⑤进入一氧化碳浓度大的场所工作时，须戴防毒面具；操作后，应立即离开，并适当休息；作业时最好多人同时工作，便于发生意外时自救、互救。

（2）预防氮氧化物中毒

①酸洗设备及硝化反应锅应尽可能密闭和加强通风排毒。

②定期维修设备，防止毒气泄漏。

③加强个体防护，进入氮氧化物浓度较高的场所工作时应戴防毒面具。

（3）预防氯中毒

①严守安全操作规程，防止跑、冒、滴、漏，保持管道负压。

②排放含氯废气前须经石灰净化处理。

③检修或现场抢救时必须戴防护面具。

（4）预防氢氰酸中毒

①加强密闭通风。

②严格遵守安全操作规程。如氰化物的保管、使用和运输应有专人负责；建立严格的专用制度；用氰化物熏仓库时要防止门窗漏气，并须经充分通风方可进入。

③加强个体防护。应配备防护服、手套、防毒口罩（活性炭滤料）或供氧式防毒面具；车间应配备洗手、更衣设备以及急救药品。

④操作工人在就业前应进行体检，上岗后还应定期体检。

（5）预防硫化氢中毒

①改进工艺，减少硫化物的用量。

②加强密闭、通风，经常测定车间硫化氢的浓度。

③排放硫化氢以前，应采取净化措施。

④加强个体防护。进入具有硫化氢中毒危险的场所时，应先对环境毒情进行检测，并采取通风置换，戴防毒面具等措施。进入井、坑作业，应系好和拴牢安全带，佩戴氧气呼吸器面具，使用信号联系，并有专人监护。

⑤在有硫化氢的生产中，要按工艺严格操作，防止失控。

⑥有神经、呼吸系统疾患，眼睛等器官有明显疾患者，不应从事硫化氢的作业。

事故是可以预防的，只要员工小心谨慎，不放过任何一个隐患，不进行一次违章操作,把安全时时放在心上,掌握事故预防的要点,一定可以把事故消灭在发生之前。

除了防毒,防尘也很重要。生产性粉尘是指在生产中形成的,并能长时间飘浮在作业场所空气中的固体颗粒。生产性粉尘的来源非常广,在生产环境中,单一粉尘存在的情况较少,大多数情况下两种以上粉尘混合存在。生产性粉尘根据其理化特性和作用特点不同,可引起不同的疾病。

①呼吸系统疾病。长期吸入不同种类的粉尘可导致不同类型的尘肺病或其他肺部疾患。我国按病因将尘肺病分为12种,并将其列入职业病名单目录,它们是硅肺、煤工尘肺、石墨肺、炭黑尘肺、石棉肺、滑石尘肺、水泥尘肺、云母尘肺、陶工尘肺、铝尘肺、电焊工尘肺、铸工尘肺。

②中毒。吸入铅、锰、砷等粉尘,可导致全身性中毒。

③呼吸系统肿瘤。石棉、放射性矿物、镍、铬等粉尘均可导致肺部肿瘤。

④局部刺激性疾病。如金属磨料可引起角膜损伤、混浊,沥青粉尘可引起光感性皮炎等。

消除或降低粉尘是预防尘肺病最根本的措施。通过革新生产设备、实现自动化作业,避免操作人员接触粉尘;采用湿式作业,可在很大程度上防止粉尘飞扬,降低作业场所粉尘浓度;对不能采用湿式作业的场所,应采用密闭抽风除尘方法。作业中接触粉尘的人员,在作业现场防尘、降尘措施难以使粉尘浓度降至符合作业场所卫生标准的条件下,一定要佩戴防尘护具。防尘效果较好的有防尘安全帽、送风口罩等,适用于粉尘浓度高的环境;在粉尘浓度较低的环境中,佩戴防尘口罩有一定的预防作用。

⚠ 5. 防范职业高温和低温，小心中暑警惕冻伤

在高气温或同时存在高湿度或热辐射的不良气象条件下进行的劳动，通称为高温作业。

高温可使作业人员感到热、头晕、心慌、烦、渴、无力、疲倦等，可出现一系列生理功能的改变，高温环境下发生的急性疾病是中暑，按发病机理可分为热射病、日射病、热衰竭和热痉挛，严重的会导致晕厥、昏迷、高热、意识丧失甚至死亡。所以要及时施救、防范事故。

防暑降温措施包括以下几点。

（1）改善作业环境

预防中暑的关键在于改善高温作业环境，使作业场所的气象条件符合国家规定的卫生标准。在高温班组内合理布置热源，避免作业人员周围受到热源作用。尽可能把各种加热设备、温度很高的产品运出班组，如果热源不能移动，应采取隔热措施。通风是防暑降温的重要措施，应加强自然通风，使班组内高温从高窗或气孔排出。班组屋顶可安装风帽，墙角可开窗加强通风。当自然通风不能将余热全部排出时，应采用机械通风。

（2）加强个体防护

高温作业人员应穿耐热、坚固、导热系数小、透气功能好的浅色工作服，根据防护需要，穿戴手套、鞋套、护腿、眼镜、面罩、工作帽等。

（3）采取必要的组织措施和保健措施

制定合理的劳动和休息制度，调整作息时间，采取多班次工作办法；

合理布置工间休息地点；加强宣传教育，使作业人员自觉遵守高温作业安全卫生规程；定期检测作业场所的气象条件；实行医务监督，对高温作业人员定期进行体检；为高温作业人员提供清凉饮料。

低温作业是指在寒冷季节从事室外及室内无采暖的作业，或在冷藏设备的低温条件下以及在极区的作业。

在低温环境中，由于机体散热加快，可引起身体各系统一系列生理变化，重者可造成局部性或全身性损伤，如冻伤或冻僵，甚至引起死亡。所以在低温环境下作业，一定要注意防范冻伤，保护自己。

我国东北、华北及西北部分地区属于寒区。在这些地区遇到严寒强风潮湿气象条件，从事露天作业以及工艺上要求低温环境作业时，尤其是当作业人员衣服潮湿时极易发生冷伤。低温作业人员的作业能力，会随温度的下降而明显下降。即使未导致体温过低，冷暴露对脑功能也有一定影响，使注意力不集中、反应时间延长、作业失误率增多，甚至产生幻觉，对心血管系统、呼吸系统也有一定影响。

低温对人体的危害表现为冻伤。冻伤可分为局部性冻伤和全身性冻伤两类。一是引起局部冻伤，与人在低温环境中暴露时间长短有关；二是产生全身性影响。人体在低温环境暴露时间不长时，能依靠温度调节系统，使人体深部温度保持稳定。但暴露时间较长时，中心体温逐渐降低，就会出现一系列的低温症状，出现呼吸和心率加快、颤抖等，继而出现头痛等不适反应。长期在低温高湿条件下劳动，易引起肌痛、肌炎、神经痛、神经炎、腰痛和风湿性等疾患，冷金属与皮肤接触时还会产生粘皮伤害。

冷藏作业属于低温作业的一种。冷库作业人员若长时间在低温环境下劳动，其危害与上述低温作业对人体的危害表现相同。此外，在夏季，由于库内外温差大，进出库若不注意及时更衣，极易患感冒。还有如因冷库安全管理不善，可能造成作业工人被困在库中冻伤、冻死的严重事故。

冷藏作业除了上述职业危害问题外，还应注意制冷剂泄漏与臭氧的危害。如采用氨做制冷剂，一旦蒸发器跑氨，后果是较为严重的。氨是具有强烈刺激性臭味的有毒气体，它不仅能刺激呼吸道黏膜，还会造成作业人员中毒。臭氧具有极强的氧化性，可与多种金属和有机物作用，因此，绝大部分冷库均采用臭氧消毒除臭。但臭氧又是一种有害物质，作业工人在使用中如接触一定浓度的臭氧时间较长，会对人体造成危害。轻者会引起咳嗽、咽炎、呼吸困难等症状；重者可引起脉搏加速、疲倦、头疼，甚至可发生肺气肿以至死亡。

若发现氨气泄漏应及时采取措施抢修，防止泄漏事故扩大。要保证制冷车间通风设备良好，万一氨气大量泄漏时应能及时排出屋外，避免中毒事故的发生。制冷车间内必须配备适用的防毒面具或氧气呼吸器。对于使用氟利昂-12的冷冻机，应配备必要的检测仪器，如卤素灯等。采用臭氧消毒除臭时，应时刻检测库内的臭氧浓度。

低温作业、冷水作业应尽可能实现自动化、机械化，避免或减少人员低温作业和冷水作业；要控制低温作业、冷水作业时间；在冬季寒冷作业场所，要有防寒采暖设备，露天作业要设防风棚、取暖棚；应选用导热系数小、吸湿性小、透气性好的材料做防寒服装；工作时，作业工人必须穿戴好防寒服、鞋、帽、手套等保暖用品；防寒衣物要避免潮湿，手脚不能缚得太紧，以免影响局部血液循环；冷库附近要设置更衣室、休息室，保证作业工人有足够的休息次数和休息时间，有条件的最好让作业后的工人洗个热水浴。

⚠ 6. 职业辐射，注意隔离

职业辐射主要包括电离辐射和非电离辐射。

在接触电离辐射的工作中，如防护措施不当，违反操作规程，人体受照射的剂量超过一定限度，则能发生有害作用。在电辐射作用下，机体的反应程度取决于电离辐射的种类、剂量、照射条件及机体的敏感性。电离辐射可引起放射病，它是机体的全身性反应，几乎所有器官、系统均发生病理改变，但其中以神经系统、造血器官和消化系统的改变最为明显。电离辐射对机体的损伤可分为急性放射损伤和慢性放射性损伤。短时间内接受一定剂量的照射，可引起机体的急性损伤，平时见于核事故和放射治疗病人。而较长时间内分散接受一定剂量的照射，可引起慢性放射性损伤，如皮肤损伤、造血障碍、白细胞减少、生育能力受损等。另外，辐射还可以致癌和引起胎儿的死亡和畸形。

对电离辐射的防护主要有时间、距离和屏蔽防护。不论何种照射，人体受照累计剂量的大小与受照时间成正比。接触射线时间越长，放射危害就越严重。缩短从事放射性工作时间，可以有效减少辐射的危害；距离方面，与辐射源的距离越大，受到辐射的危害就越小，所以在工作中要尽量避免近距离接触辐射源；屏蔽防护就是在人与放射源之间设置一道防护屏障，将辐射源与人体有效隔开，达到避免辐射伤害的目的。

作业人员要熟悉操作程序和安全操作规程，工作前应认真做好各项准备，如熟悉所用辐射性核元素的放射强度；工作结束后应及时清理用具，清除放射性污染物；在离开作业场所时应洗手或沐浴。正确使用防护用品，如穿戴工作服、防护镜、口罩、面罩等。在放射性工作场所内严禁饮食、喝水、抽烟和存放食品。

非电离辐射包括低能量的电磁辐射。有紫外线、光线、红外线、微波及无线电波等。它们的能量不高，只会令物质内的粒子振动,温度上升。由于电磁场辐射源所产生的场能随距离的增大而减弱，所以在不影响操作的前提下尽量远离辐射源；避免在辐射流的正前方作业，可有效防止微波辐射。为防止辐射线直接作用于人体，合理地使用防护用品是十分重要的。穿戴金属防护服可防止射频辐射，穿戴微波屏蔽服、红外线防护服、防护帽、防护眼镜等可防止微波、红外线辐射。激光和红外线防护的重点是对眼睛的保护，除佩戴防护眼镜外，还要定期检查眼睛。

⚠ 7. 高处作业，谨防坠落

高处坠落事故是指在高处作业时发生坠落造成的伤亡事故。高处作业指在坠落基准面2米以上的高处进行的作业。高处作业如果不做好防护，不遵章守纪，不严格按照操作规程操作，就会发生事故。

某电厂5、6号机组续建工程由某建筑公司承建，该工程主体为钢结构。6号机组东西（A～B轴）钢屋架跨度为27米，南北长63米，共7个节间，钢屋架间距为9米，屋架上弦高度为33.2米。屋架上部为型钢檩条，间距为2.8米，檩条上部铺设钢板瓦。铺设钢板瓦作业，开始从靠近 A 轴位置铺完第 1 块板，但没进行固定又进行第 2 块板铺设，为图省事，将第 2 块及第 3 块板咬合在一起同时铺设。因两块板不仅面积大而且重量增加，操作不便，5 名人员在钢檩条上用力推移，由于上面操作的人未挂牢安全带，下面也未设置安全网，推移中 3 名作业人员从屋面（+33 米）坠落至汽轮机平台上（+12.6 米），造成 3 人死亡。

高处坠落，非死即伤，而且大多会造成重伤，导致残疾。所以，班组高处作业时一定要做好防护工作，系好安全带、戴好安全帽，谨防坠落事故发生。预防高处坠落事故要注意以下几点。

（1）熟悉高处作业的作业方法，掌握技术知识，执行安全操作规程。作业时要指定专人进行现场监护。

（2）禁止患有高血压、心脏病、癫痫病等禁忌病症的人员和孕妇从事高处作业。

（3）高处作业时要系好安全带，戴好安全帽，不准穿硬底鞋，以防滑倒导致坠落事故。

（4）作业前要检查护栏、架板是否牢固，有洞口的地方要盖好，在较危险的部位应在下方装设平网。

（5）做好楼梯口、电梯口、预留洞口和出入口的"四口"防护。

（6）在建筑施工中做好"五临边"的防护工作，"五临边"是指尚未安装栏杆的阳台周边、无外架防护的屋面周边、框架工程楼层周边、上下跑道及斜道两侧边、卸料平台的外侧边等。

（7）在恶劣天气时（指 6 级以上强风、大雨、大雪、大雾等），禁止从事露天高处作业。